自然エネルギーの罠

化石燃料や原子力の代わりになり得る
エネルギーとはなにか

武田恵世［著］

あっぷる出版社

はじめに

２０１１年の福島第一原発の事故以来、脱原発の世論が高まり、自然エネルギー（再生可能エネルギー）を中心にするべきだとよく言われています。私も以前から、将来的には自然エネルギーだけにするべきだと考えていました。

１９９９年、私の地元でもある三重県伊賀市と津市の境にある青山高原に、久居市（現在は津市に合併）による全国初の自治体経営による風力発電所（４基）ができました。

当時、私は多くの自然保護運動の先頭に立って、希少動植物の生態生育地を破壊し、経済的にも明らかに無駄な巨大リゾート施設の建設、管理運営開発や新都市開発、自然に配慮しない河川改修、マリーナ開発などに対する反対運動をしており、水質浄化、希少動植物保護育成活動などにもかかわっていました。現在も、三重県の公共事業環境検討協議会、レッドデータブック作成委員会の委員、環境省希少動物種保存推進委員、伊賀市環境保全市民会議レッドデータブック作成委員会委員長などを務めています。自然エネルギーにも大きな期待を寄せており、大いに進めなくてはならないと考え、当時はじまったばかりの市民風車への投資、風力発電会社への出資、会社設立まで視野に入れ、真剣にその実情、将来性などについて調べはじめました。しかし、どうもおかしいのです。

この疑念が決定的となったのは、青山高原で全国最大規模の風力発電所を建設している電力会社の子会社の部長や所長との会談でした。2007年のことです。そこで聞いたのは、こんな言葉でした。

「風力発電は冬の季節風以外ではほとんど発電できていません」

「風力発電所は採算は合いませんが、補助金がいただけますので建設するんです」

「建てればいいんです。発電しなくてもいいのです」

こららの言葉が、県職員に対して発せられたのです。

私は、風力発電の実態について更に徹底的に調べ上げました。その結果わかったことを、『風力発電の不都合な真実』（アットワークス）という本にまとめました。それからも、自然エネルギーについて更に調査し続けてきました。調べる際のポイントは、
1. 化石燃料の消費量を削減できるか？
2. 自然環境に優しいか？
3. 人間生活に悪影響はないか？
4. 利益は得られるか？
5. 将来性はあるか？
6. 成功例はあるか？
でした。

その結果、ほんとうに将来性のある良い自然エネルギーと、イメージだけで将来性のない悪い自然エネルギーの2種類があることがわかりました。イメージだけで実用性のない悪い自然エネルギーをいくら増やしても、原子力発電所や火力発電所を減らすどころか、むしろ増設が必要になることもあ

ります。

自然、という言葉のイメージに惑わされ、自然だからすべていいものだろうと思いがちな自然エネルギーとは、ほんとうはどんなものなのでしょうか。ほんとうにそれは環境に優しく、人にも優しく、人類の未来を明るくしてくれるものなのでしょうか。

この本では、私が行ってきた調査結果を、わかりやすく対話形式で書いていきたいと思います。対話の相手役となってくれるNさんは、私がこれまで全国各地で行った講演会などで話をしたり、意見交換をしてきた実在の人をまとめさせていただいたもので、対話のほとんどは実際に交わされたものです。

私たちは、言葉のイメージからか、ついつい「自然エネルギー」はなんでもいいものだと考えてしまいがちです。しかし、それは一種の甘い罠でもあるのです。

目　次

はじめに……3

I　自然エネルギーを推進することで原発を止められるか
1．原発を止めて、自然エネルギーに……16
2．自然エネルギーだけにできない理由の一つ（電気は同時同量）……16
3．自然エネルギーには実は2種類ある……18
4．自然エネルギーの電気は、化石燃料を減らしているか？……19
5．ヨーロッパでは自然エネルギーはうまくいっているのか？……23
6．風力発電によりCO_2排出量増加……24
7．自然エネルギーにはバックアップ用発電所が必要？……25

II　なぜ日本で盛んに自然エネルギー発電所が造られるのか？
1．発電ではなく莫大な利益のため……30
2．再生可能エネルギー賦課金……31

3. 非常に多くの企業が再エネ賦課金を免除されている …… 32
4. ヨーロッパにおける再エネ賦課金 …… 34
5. 優遇税制、超低利融資 …… 34
6. 専門家とは？ …… 36
7. 日本で自然エネルギー発電所がさらに増えた場合は？ …… 39
8. 揚水発電所 …… 41
9. 自然エネルギーに必要な面積と費用 …… 42
10. 風力発電所と太陽光発電を増やせば平準化できるのか？ …… 43

Ⅲ 風力発電の罠

1. かなり強い風が吹かないと風力発電は役に立たない …… 48
2. 犬吠埼沖の風力発電だけで東京電力全体の電気がまかなえる？ …… 49
3. 設備容量、定格出力の罠 …… 50
4. 環境省の試算（風力発電を増やせば原発を上回る） …… 51
5. 洋上風力は強い安定した発電ができる？ …… 52
6. 世界初の浮体式洋上風力発電 …… 54
7. ヨーロッパには偏西風があり風向も風速も一定？ …… 59

8. 不可解な風力発電所建設 …… 61
9. 深刻な健康被害は気のせい？ …… 66
10. 風力発電の自然への影響 …… 70
11. 小型風力発電機 …… 76
12. レンズ風車 …… 78
13. アメリカ議会での議論 …… 79
14. 結局風力発電は？ …… 80

IV 太陽光発電の罠 83

1. メガソーラー …… 84
2. 原発を止めるために自宅に太陽光発電をつけるべきか？ …… 85
3. 自宅の太陽光発電は儲かる？ …… 86
4. 太陽光発電で発電した電気をいつ使うか？ …… 88
5. 家庭用太陽光発電のトラブル …… 89
6. ソーラーブームは終わる？ …… 90

V 自然エネルギーの現状と未来

1. だぶつく自然エネルギー資材 …… 98
2. 欧米の風力発電反対運動 …… 99
3. 本当の情報の探し方 …… 100
4. グリーンパラドックス …… 103
5. 大容量蓄電池 …… 104
6. キャパシタ(コンデンサ) …… 106
7. 反原発のウソはよいウソか? …… 107
8. エコカーは買うべきか? …… 110
9. EV …… 111
10. ハイブリッド車 …… 111
11. 燃料電池 …… 113
12. 水素社会はくるか? …… 114
13. なぜ燃料電池車を進めるのか? …… 118
14. リニア新幹線には従来の新幹線の19倍の電力が必要 …… 120
15. リニア新幹線は成功するか? …… 121

VI 自然エネルギーによる様々な発電方法を検証する

1. 波力発電 …… 126
2. 潮流発電 …… 126
3. 潮汐発電 …… 128
4. バイオマス発電 …… 129
5. バイオマス発電の副産物 …… 132
6. バイオガス発電 …… 132
7. バイオフューアル …… 133
8. バイオエタノール …… 135
9. ミドリムシの油 …… 136
10. 天然ガス発電 …… 137
11. 天然ガスは日本だけは安くなっていない …… 138
12. 原油価格下落 …… 140
13. 日本の天然ガス、メタンハイドレートなど …… 141
14. 天然ガス発電、コンバインドサイクル …… 144

Ⅶ 水力発電

1. 水力発電は自然にやさしい？……146
2. ダム式水力発電所……147
3. ダムのため砂浜が消えた……148
4. ダムがあっても大水害が起こったわけ……151
5. 寿命が来たダムの処理は原発なみにたいへん……153
6. ダムは治水には役立つか？……156
7. ダムは水道水を確保するか？……157
8. 中小水力発電……163

Ⅷ 地熱発電

1. 地熱発電を検証する……166
2. ほとんどが国立国定公園内？……166
3. 温泉は枯渇するか？……168
4. 噴出する蒸気や熱水を直接使って発電する方法……168
5. 蒸気と熱水を汲み出して発電する方法……169
6. バイナリー発電……171

7．地熱のカスケード利用……172
8．地中熱利用システム……173

Ⅸ 災害に強いエネルギー
1．災害に強いエネルギーとは……176
2．戦中戦後の非常時に活躍したエネルギーは水力……177
3．災害に強い交通手段……178

Ⅹ エネルギーの将来への問題
1．電力会社の総括原価方式……182
2．国の新しいエネルギー基本計画発表（２０１４）……182
3．新エネルギー基本計画での再生可能エネルギーの扱い……184
4．ドイツで自然エネルギー１００％の試み、……186
5．日本でも再エネコストがたいへんなことに……190
6．スマートグリッド……192
7．太陽嵐……194
8．スマートグリッドは何のため？……195

9. 電力会社が原発を使いたがる理由……196
10. 原発依存と巨大開発依存……198
11. 発電施設の発電後の後始末の問題……200
12. 福島の自然エネルギーの将来展望……201
13. わかりやすい例え話……204
XI エネルギーの未来予測
1. 夢のエネルギー……210
2. 今後10~20年後の未来予測……212
3. 脱原発への対案……219
おわりに……223

I　自然エネルギーを推進することで原発を止められるか

1. 原発を止めて、自然エネルギーに

Nさん：原発を止めて、自然エネルギーだけにすることはできないのかな？　そうすればいろんな問題が全部解決するようにも思えるんだけれど。

T（武田）：自然エネルギーだけにするということかな？

N：そう、風力発電とかメガソーラーは発電量が大きいから、たくさん造れば原発の代わりになると環境省も専門家も多くのマスコミも言っているし、地熱、波力、バイオマス発電などたくさんの発電方法があるから、いずれは自然エネルギーだけにしても大丈夫なんでしょ？

2. 自然エネルギーだけにできない理由の一つ（電気は同時同量）

T：もし、自然エネルギーだけにした場合、問題は風がない日、雨の日、波の静かな日などはどうするか？　ということになる。

N：電気を貯めておいて使えばいいんじゃないの？

T：残念ながら超大容量の蓄電池というものはないし、基本的に電気は貯めておけない。電気は同時同量といって、使用量と発電量がほぼ同じになるように調整されているから（図1　電力需給図）。例えば、発電量が使用量を上回ると発電機が壊れ、停電してしまう。反対に発電量より使用量が増えると電圧が下がって停電してしまう。正確には3～5％の誤差の範囲に収まるように、今までのデータ

から作った年間計画、月間計画、曜日ごとの計画に基づいて、中央給電指令所というところで、電圧の変化を感知しながら10分単位で発電量を調整している（岩田ら 2009）。図1のように、朝、出勤時から多くの工場やオフィスの始業時にかけて発電量を徐々に増やしていって、昼休みに少し減らす。午後からまた増やして、終業時から帰宅時に減らしていく。という調整を毎日している。今では、発電量が多すぎた時に、発電機が壊れる前に自動停止する装置や、一部で電気使用量が激増したり、停電しても電気を融通する電力網が整備されたりしているから、停電しても割と復旧は早いが、昭和30年代とか40年代初め頃までは、停電は週に1度や2度はあるのが普通だった。それでも当時は、ランプはどこの家にもあったし、鉄道は蒸気機関車がまだ主流で、鉄道会社は別に自前の発電所を持っていたし、さほど不便は感じなかったわけだ。

N：でも、「電力系統※の誤差の範囲は欧米では経験的に20％で、それに合わせようとしない日本の政府と電

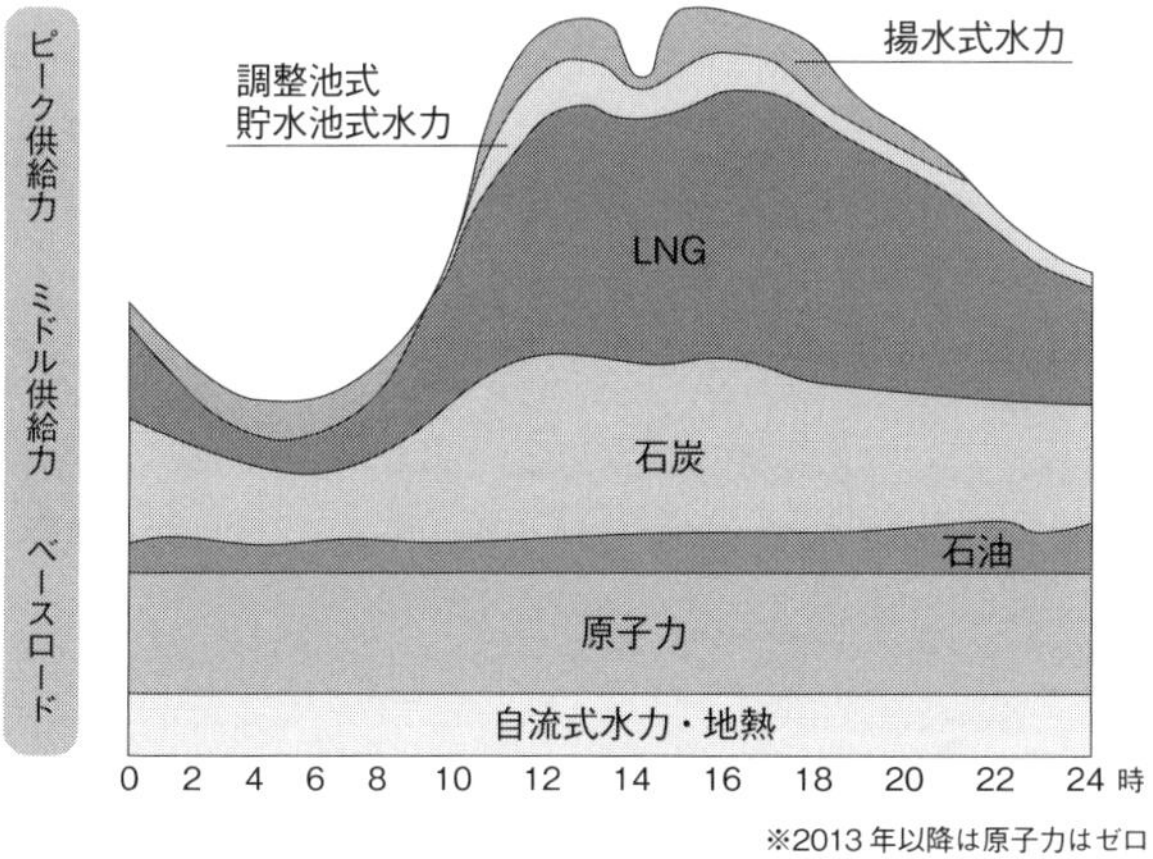

図1　電力需給図

力会社は悪い」と盛んに言っている専門家もいるよね？
T：誤差20％でいいのなら、2011、2012年に各電力会社が出していたような電気予報や節電要請なんか全くいらないはずだし、昭和30年代に頻発した大停電もなかっただろう。
N：20％もあったら、確かにそうだろうなあ。
T：実際は3％以内、周波数変動±0・2Hzに収めるように調整されている。

3．自然エネルギーには実は2種類ある

T：発電量の調整は、今は主に火力発電でしている。以前は水力発電が主流だったが、どちらにしろ、蒸気の量や水を流す量はバルブでいくらでも微調整できる。ところが風は、人々の出勤と同時に強くなって、昼休みに一時弱まり、帰宅と同時に緩くなるなんてわけにはいかない。太陽光は、夜はまったく使えないし、雨の日もダメ。波力は、これも波や潮流の強さを調整することはできない。風力や太陽光の電気を電力系統に入れるには、電力系統の誤差の範囲を越える場合にはバックアップ用の火力発電所か水力発電所を用意するか、スマートグリッド※、大規模な蓄電池システムなどの特殊な工夫で発電と消費の同時同量に合わせるようにしなければならない。それで欧米でも結構困っている。
N：地熱発電やバイオマス発電、水力発電なら調整できないのかな？
T：地熱とバイオマスは蒸気を沸かして発電する火力発電と同じ仕組みだから、特殊な工夫をしなくてもすぐにでも使える。自然エネルギーと一言でいっても、風力や太陽光などの全く自然任せのもの

と、地熱、水力、バイオマスなどの必要な時にいつでも発電できて、微調整が可能なものに分けて考えるべきなんだ。

4. 自然エネルギーの電気は、化石燃料を減らしているか？

N：じゃあ、最近結構風力発電所やメガソーラーが増えているらしいけど、日本でもバックアップ用の火力発電所か水力発電所を用意して使ったりしてるのかな？

T：いや、実はゼロだ。全国の電力会社に聞いてみたら、「風力発電所やメガソーラーが発電している時間帯に火力発電所の発電量を下げた記録はない。今のところ電力系統全体の1～2％以下で、電力系統全体では誤差の範囲でしかないから記録のつけようがない」という一致した答えだった。

N：え？　でも風力発電所やメガソーラーは化石燃料を減らして、地球温暖化防止に大きく貢献しているなんて、あちこちで聞くけどなあ。

T：こうした説明の多くは、再エネで発電した電気と同量の電気を石油火力発電所で発電したらこれだけの石油を使うからその分は節約したはずだ、という希望的観測だ。しかし、石油火力発電所は効

※電力系統：電気の発電・変電・送電・配電を統合したシステム、日本では10の各電力会社ごとに独立している。
※スマートグリッド：各種の発電所、家々の太陽光パネルやエコウィル、電気製品にデジタル・コンピュータ内蔵の高機能な電力制御装置であるスマートメーターを付け、ネットワークで結び合わせ、電力網内での電力の需給バランスの最適化調整（同時同量）を中央で統括して行う方法。

率があまりよくなくて、国内では少なくなっているから、過大に評価することになる。また、再生エネルギーで発電した分、水力発電所の出力を落としていたのでは化石燃料節約にはならないが、そうではないという保証はない。再エネで発電して送電線に入れれば、その分どこかの火力発電所が出力を落とすだろうというのだが、現実にはそうではないんだよ。

N：水力発電所より火力発電所の方が多いから、やはり化石燃料は節約できているという人もいるけど？

T：それはあくまで計算上の遊びで、要はPRだ。実際には、電力系統の誤差の範囲を越える発電を風力発電所やメガソーラーがしたら、「解列」といって、電力系統から発電装置を切り離して発電を止める処置を行っている。北海道電力や東北電力では、特に真冬に何度か解列をしている。「電力系統の誤差の範囲を越える場合は解列することを承知する」という契約を電力会社と再エネ発電事業者が交わしていて、再エネ特措法でも認められている。つまり電力系統に影響が出るほどの発電をしたら、電気を入れないよということだ。２０１４年10月に北海道、東北、中国、四国、九州の5電力会社がこれ以上の再エネの受け入れを停止すると発表したのがそれだ。まともに発電したらついに誤差の範囲を越えてきたんだ（時事通信 2014）。

N：電力系統の誤差ってどういうことなのかな？　その誤差を越えるとどうなるの？

T：電力消費量より発電量が上回ると電気の周波数が上がり、モーターの回転数が上がってしまう。反対に下回ると周波数が下がり、モーターの回転数が下がってしまって、紡績工場や精密機械工場などでは大量の不良品を作ってしまう。また、発電量が大きく上回るとモーターを壊したり、発火事故を起こしたりもする。大きく下回っても発電機が壊れてしまう。今は発電機が壊れる前に自動停止するようになっているが。実際に起こったケースを挙げてみよう。

・電力消費量が増えたため大停電

１９８７年７月23日、東京都他６都県で２８０万戸が３時間半停電する大停電が発生した。原因は猛暑による急激な電力消費に変電所が応じきれず、送電を止め、それにより発電所の発電機も発電し続けると壊れるので次々に自動停止したためだった。

・電力消費量が減ったため大停電

１９５１年７月、高圧線への落雷で首都圏の川崎変電所など変電所間の系統が分断され、これにより、福島県の猪苗代水力発電所、栃木県の鬼怒川発電所なども停止し、大停電になった。

最近でよくわかる例が、毎年起こるヘビが送電線や変電所の電線に触れて長時間停電を起こす事件だ。２０１２年７月23日には東北新幹線の福島県二本松市でヘビが送電線に登ったためにショートして、東北、山形、秋田新幹線全線が約１時間半止まった（共同通信 2009）。２０１０年には愛知県一宮市で９月27日午後10時、50分ごろから28日午前０時すぎにかけ、最大約４万１千戸が停電し、中部電力名古屋支店が調べると、市内の変電所設備にヘビが接触したのが原因だったことが28日、わかった（共同通信 2010）。

N：なぜヘビが電線に登っただけで広い範囲がかなり長時間停電したの？　そのヘビをどけたら終わりじゃないの？

T：ヘビが電柱と電線をつないでとショートすることで消費量が発電量を上回ることになってしまっ

たんだね。ヘビは感電死したが、電線など設備は全く壊れてはいなかった。この場合は発電機ではなくて、変電所の開閉装置（家庭のブレーカー、自動車のヒューズ）のようなものが作動して送電を止めたんだ。復旧は、発電量と消費量の同時同量を維持しながらしないといけないから、時間がかかる。２００６年８月14日には、東京で旧江戸川にかかる高圧線（正確には特別高圧送電線）をクレーン船が切断したことだけで、東京23区東部から横浜市、川崎市、千葉県浦安市、市川市に至る非常に広い範囲約１３９・１万軒が約３時間停電した。首都圏大規模停電といわれている。２０１１年３月11日の東日本大震災による首都圏の大停電は完全復旧に７日かかった（東京電力 2013）。

N：停電までいかなくて、電圧変動だけなら大したことはないの？

T：いや、かなり影響は大きい。２０１０年12月８日の早朝、中部電力の三重県四日市火力発電所で不具合があり、０・０７秒電圧が低下した。そのため東芝四日市工場（半導体製造）、コスモ石油精油所などが操業を停止するなど、影響は１４６件にも及んだ。東芝はこの影響で来年１～２月の出荷量が最大２割減となる見込みで月額１００億円程度の減収となるとのことだった。２００９年９月にも三重県の川越火力発電所の不具合により、電圧が０・０４秒低下したため約30の工場に影響が出た。ほんの０・０７秒、とか０・０４秒、しかも停電ではなく、電圧が低下しただけでこれだけの影響が出る。電力系統の維持は非常に微妙で重要な問題なんだ。電力系統は生き物で、需給運用はプロの技、中央給電指令所の仕事ができるようになるまでには数年以上の経験が必要だと言われている（電気新聞 2009）。

N：自然エネルギーが電力系統の誤差の範囲だけということはつまり、化石燃料は全く減らせていないっていうこと？

T：各電力会社の管内の電気の使用量が極端に少ない時間帯に、強い風が吹いていたり、カンカン照りだったりした時間帯には、発電機の自動調整装置が働いて少しは減らせている可能性はある。しかし、その自動調整装置が水力発電所のものであれば化石燃料は減らせていないことになる。いずれにしろそれこそ誤差の範囲で、ハッキリした記録は確認できない。理論的には減らせるはずだが、減らせたという確認はできないといったところだ。

N：難しいんだけど、つまり今は、自然エネルギーは脱原発のためどころか、火力すら減らせていないことになる？

T：それが現実で、理由は電力系統の同時同量という特徴のためだ。北海道電力、東北電力以外の全国の電力会社では自然エネルギーは電力系統の1％以下だから、今の5倍に増えても誤差の範囲内ということになる。

5. ヨーロッパでは自然エネルギーはうまくいっているのか？

N：新聞や雑誌などには、欧米では自然エネルギーがものすごく盛んで、うまくいっているという報道が結構あるけどどうなんだろう？　例えば、スペインでは国内の電力の70％を風力発電でまかなったこともある。デンマークでは50％を風力発電でまかなっているなんていう話を聞いたことがあるんだけど。

T：ヨーロッパは全域で周波数が50Hzで、ポルトガルからロシアまで送電線が全部つながっているから、電力系統の規模がすごく大きい。だから誤差の範囲もものすごく大きくなる。5万の1％は50だけれど、500万の1％は5万だ。例えばデンマークでは、確かに計算上は国内の電力の約50％を自国の風力発電所約3000基でまかなっているようにみえる。しかし実際は、同量の電気を周辺諸国から輸入している。つまり、自国の風力発電所の電気は自国では消費できていないということだ。風は電力需要に合わせて強さを変えて吹くものじゃないからね（NEDO 2008）。

N：じゃあ、デンマークの風力発電所の電気は周辺諸国のどこかで消費されているのかな？

T：デンマークで電気を使っていない時間帯に周辺諸国で多くの電気を使っているとは考えにくいから、広い送電網の誤差の範囲に雲散霧消したと考えたほうがよさそうだ。

N：デンマークは風力発電でCO_2削減に成功した国だという話だったけど。

T：周辺諸国からは、「デンマークは本当に必要な電気は輸入して我が国のCO_2排出量を増やしただけだろう」と言われている。フランスからは、「我が国の原発の安定した電力があるからやっていけるのだろう」とも言われている。スペインも同じで、周辺国と送電網がつながっているから、計算上70％風力発電の電力が入っていてもやっていけるんだろう。

6．風力発電によりCO_2排出量増加

T：アメリカのエネルギーコンサルタント会社、ベンテック社の実測によると、風力発電の出力変

動に合わせて火力発電所の出力を調整した場合と、火力発電所だけの場合より硫黄酸化物を４７０ｔ、窒素酸化物を２８４８ｔ、CO_2を15万２０００ｔ増やしたというデータが明らかになっている(BENTEK 2012, 邦訳：鶴田 2013)。

Ｎ：それは本末転倒だよね。どうしてそうなったの？

Ｔ：風力発電の発電量の変化に合わせて出力変動を頻繁にしたためだ。自動車の燃費が一定の速度で走り続けている時に最もよくて、急停止、急発進を繰り返していると悪くなるのと同じだ。ぼくが今乗っている車はホンダのフリードだけど、三重県の伊賀市と名張市の中心部約16㎞のアップダウンの多い丘陵地帯を走るのに、スムーズな時は24㎞／ℓだが、渋滞にあうと９㎞／ℓにまで燃費が低下する。

Ｎ：なるほど、感覚的にもわかりやすい話だね。

7．自然エネルギーにはバックアップ用発電所が必要？

Ｔ：それから、風力発電所がかなり増えたヨーロッパでは、急に風が止んだ時にバックアップ用の火力発電所の稼働が間に合わず、大停電寸前になったことが何度もある。これは経産省の報告書にも紹介されている(経産省 2004)。ドイツでは再生エネルギーの電気がチェコ、ハンガリー、ポーランドなどに上限を越えて流れ込んで、火力発電の出力を慌てて下げるなどの対応のため、自国の電力システムがしばしば危機に瀕しているので、２０１２年3月に周辺諸国から抗議されている(竹内 2014)。

N：バックアップ用の火力発電所というのは？

T：電力系統の同時同量を維持するのに風力発電だけでは風がない時に困るから、火力発電所を新設して、風力発電所と合わせてほぼ一定の電力を供給できるようにしている。

N：なるほど、それなら化石燃料の削減にもなるよね。

T：ところが、風が止んだ時に、火力発電所で水から蒸気を沸かして発電しようとするとかなり時間がかかり間に合わないこともあるから、火力発電所は常に低出力で蒸気を沸かして待機していなくてはならない。車のアイドリングと同じで。そのための化石燃料が意外に必要になって、ドイツやスペイン、フランスはじめ、デンマーク以外のヨーロッパ諸国では風力発電所の増加によって逆に化石燃料の消費量が増えてしまった（NEDO 2008）。アメリカ議会でも２０１２年にこれが問題になった（Christopher H. 2012）。

風力発電の場合、当初から発電の不安定さを補う方法が検討されていて、ディーゼル発電機と合わせたハイブリッド風力発電機、蓄電池との併用（関ら 2002）（牛山 2005）（西方ら 2014）、高速フライホイールを使った発電量の安定化（牛山 2005）などが考えられていた。

N：高速フライホールってなに？

T：弾み車だよ。チョロQなんかに使われているのを巨大にしたようなもので、真空中で回すと空気抵抗がないのでより長時間回り続ける。それで風力発電機の回転を一定にしようとしたり、発電した電気でフライホイールを一定速度で回し続けようとした。

N：それでどうなったの？

T：ほとんど実用化されなかった。発電した電気を蓄電池で一旦貯めて翌日使う方法が一部で行われているくらいだ。
N：どうして実用化されなかったの？
T：結局、不安定さをとても補いきれなかったんだ。
N：ヨーロッパのように風力発電機をどんどん増やして平準化して、スペインのように再生エネルギー制御センターを造って、風の変化を予測して、火力発電、水力発電、揚水発電なども統括制御すれば大丈夫なんだという専門家や自然保護団体（ＷＷＦ）もいるよね（安田 2013）。
T：風力発電が発電した分、水力発電所や揚水発電所の発電量を減らしたのでは肝心のCO_2排出削減にはならない。それに日本では統括制御センター設立以前に、各電力会社ごとに電力系統が独立したままだ。
N：そうか、風力発電がCO_2排出削減の手段なら、火力発電の出力を減らさないと意味がないんだ。
T：そもそも風力発電を増やすことが目的ではなかったはずだからね。

Ⅱ　なぜ日本で盛んに自然エネルギー発電所が造られるのか？

1．発電ではなく莫大な利益のため

T：風力発電がCO_2削減になるという見込みと現実が大きく乖離してしまったのが欧米の現実だ。
N：じゃあ一体何のために風力発電所をたくさん造ったんだろうね。
T：さっきも言ったように、日本の風力発電はまだ電力系統全体の誤差の範囲でしかないから、バックアップ用の火力発電所はない。それに誤差を越えたら解列する契約になっているし、法律でもそう決めてあるから、バックアップ用火力発電所は必要とも考えられてはいないようだ。
N：つまりこういうこと？　風力発電や太陽光発電などの自然エネルギーを増やしても火力発電所すらも減らせない、それどころか増やす必要が出てくる。日本では電力系統の誤差の範囲でしかない。それほど役に立たないのになぜ、政府も企業も自然エネルギーを熱心に進めているのかなあ。何かいいことがあるのかな？
T：手厚い優遇政策があるので、業者にとってはいいことが多い。自然エネルギー発電施設を造る時には、日本政策投資銀行※、日本政策金融公庫※などから超低利の融資を受けられ、所得税など税制は優遇され、発電した電気は需要に関係なく必ず全量高価な固定買取価格で電力会社に買い取られる※。いいことずくめだ。
N：つまり、CO_2削減や脱原発のためじゃなくて、政府の優遇措置が目当てってていうこと？
T：そう、元々は自然エネルギーはCO_2削減のために是非とも必要だからと政府が推進しようとしたが、電力会社も企業も「メリットがない。利益がない」として進めなかった。そこで、政府はメリットと利益が十分に出る政策を実施したんだ。

N：それがその優遇措置なのか。

T：そう、本来は、資金力のないNPOやベンチャー企業でも、事業を興せて、利益が挙がるようにと考えられた政策だが、あまりにも有利なので、電力会社や大企業も続々と参入するようになった。

N：その事業者の利益の元は？

T：我々が支払っている電気料金と税金だよ。

2. 再生可能エネルギー賦課金

N：うーん、そう考えると腹立たしいよね。その電気料金って？

T：自然エネルギー発電所からの電気は、電力会社が、我々が通常支払っている電気料金より高値で買い取って、その分は再生可能エネルギー賦課金※という名前で別に電気料金に上乗せすることが、再

※日本政策投資銀行：財務省所管の特殊会社、政府が100％出資。
※日本政策金融公庫：財務省所管の特殊会社、政府が100％出資。
※固定買取制度：発電した電気を一定の価格で一定の期間、電気事業者が必ず買い取ることを法的に保証する制度。電気事業者には以下のようなものがある（一般電気事業者・北海道から沖縄までの10電力会社）（特定電気事業者・特定の区域に電力供給を行う事業者、JR東日本など）（特殊規模電気事業者・50kw以上の電力供給をしている事業者、コスモ石油など）。

生エネルギー特措法（再エネ特措法※）という法律で決められている。電力会社の財布はほとんど痛まないんだ。

3. 非常に多くの企業が再エネ賦課金を免除されている

N：そういえば経団連は原発再稼働を求め、再エネ特措法による再生可能エネルギーの賦課金にも反対していたな。

T：政府は経団連※の主張のどちらも受け入れ、原発再稼働と、再エネ賦課金は平均値の8倍以上の大量の電気を使う企業には80％以上大幅に減免することにした。再エネ賦課金は一般家庭と電気を大量には使わない企業が、電気を大量に使う企業の分を負担することになった（法第17条）電力使用量が極めて大きい事業者）。2013年度までで1916事業者、約3000事業所、約244億円分が免除された（経産省の省エネのHP）。鉄鋼、化学、金属加工、紡績、冷凍冷蔵工場などが多いが、ほとんどの農協、漁協、食品加工工場、鉄道、水道事業や下水処理などの公共事業も減免されている。その分は我々一般消費者が負担していることになる。

N：ごく一部の企業だけ免除されているのかと思ったら、そんなにたくさんの……。

T：結局のところ大きめの電気機器を使う事業所はほぼ全部免除されたということらしい。

N：何かおかしいよね？　あまり電気を使わない人がたくさん電気を使う人の分の金を出すなんて不公平だよ。

T：経団連の要望をそのまま聞くとこういうことになるんだろう。「企業活動を守り、国際競争力を維持する」という大義名分に、公正公平なんて吹き飛んでしまう。日本では大企業や大銀行は何があっても必ず守られるようだ。つまり既得権益は何があっても守るというのが政府の方針なんだろう。日本は社会主義国家の成功例だと言った政治学者や経済学者いたが（原 1983）（竹内 1998）、というより会社主義社会で、個人より会社が重視される社会なのだろうと思う。会社が成功すれば、個人の生活もよくなる。という理屈だ。社蓄とか、サービス残業、名目店長、非正規雇用とか、個人が会社の犠牲になっている例がまだまだ多いと思う。「仕事だ」と言えば、何をしても許されるという日本の風潮も困ったものだ。

N：確かに、「自分個人のためだ」と言うと相手にもされないのに、「仕事だ」と言うとかなりきわどいことでも何となく許してしまうところがあるよね。

※再エネ特措法：電気事業者による再生可能エネルギー電気の調達に関する特別措置法（2012年施行）

※再生可能エネルギー賦課金：固定買取制度で買い取った再エネの電気料金を全国一律の単価に換算して消費者から徴収する追加電気料金。電気を大量に使う事業所は免除される。

※経団連：日本経済団体連合会、東証第一部上場企業を中心に構成される団体。日本商工会議所、公益社団法人経済同友会と経済三団体と呼ばれる。会長は、「財界総理」とも呼ばれる。日本の経済政策に対する財界からの提言及び発言力の確保を目的として結成された組織。

4. ヨーロッパにおける再エネ賦課金

T：ドイツでも鉄鋼や化学産業などが再エネ賦課金を割り引かれているんだが、これについてＥＵ委員会は「特定の企業の割引は実質的な補助金で市場競争を阻害する不公正なものだ」として正式な調査手続きをはじめた（朝日新聞 2013）。

N：ＥＵの言うことは公正なことのように思うね。

T：ドイツは「割引を止めたら、企業が海外に出て行く」と反発している。実は既にかなりの企業が出て行ってしまって、引っ越し先の国では困って火力発電所増設や原発の新設まではじめている。

N：となると再エネ賦課金制度自体が問題なの？

T：スペインでは再エネ賦課金はないが、高い買取価格を当てにして再エネが激増し、電力会社が大赤字になって、国の財政を圧迫し、買取価格を下げざるを得なくなった。

N：賦課金があってもなくても、再エネは優遇しなくては導入できないということか。

5. 優遇税制、超低利融資

N：ところで、税金の優遇処置と超低利融資というのをもう少し詳しく聞かせてよ。

T：２０１０年以前は、自然エネルギー発電所建設には建設費の１／２〜１／３の補助金（税金）がノーチェックで出された。それで、全国に回らない風車が続々と建てられた。私の地元三重県の青山高原でも、山かげや中腹に、発電効率が落ちるとされるレベルまで密集して建設され、故障しても2年以上放置されていた。とにかく建てさえすればよかったんだろう。実際、所長は「発電しなくても、建設すれば採算が合う」と何度も県職員に言っていた。㈱日本風力開発などのように補助金目当てに次々に風力発電所を新設し、補助金制度がなくなったとたんに経営危機に陥る企業も出た。発電では利益が出ない風力発電所の建設を続けていたことが白日の下に晒された。それから、所得税の大幅な減免、日本政策投資銀行、日本政策金融公庫などからの住宅ローンよりはるかに安い超低利融資と、自治体などが行っている利子補給もある。

そういえば、日本政策投資銀行の人が、日本経済新聞（2013/7/22）に「風力発電の騒音問題を世界はどう捉えているか？」と題して、「風力発電による健康被害はすべて気のせいであることがハッキリした。風力発電は安く早く建設できる世界の期待の発電事業で、自然破壊も点と線に過ぎない。環境省は騒音基準35㏈などという厳しい規制をせずにもっと進めるべきだ」と書いている（山家 2013）。

N：それは本当なの？

T：都合のいい情報だけを集めて、都合の悪いことを全部無視すれば、こういう話ができあがるらしい。

N：都合っていうのは具体的にはどういうことなの？

T：日本政策投資銀行は、風力発電事業に巨額の政府保証の超低利融資をしたけれども、㈱日本風力開発のように経営危機に陥る企業が続出している。そこへ環境省で検討中の騒音基準35㏈という規制が加わると、健康被害を起こしている風力発電所はほとんど停止しなくてはならなくなり、なおさら融資の返済ができなくなってしまう。ここは何としてでも風力発電を進めないと危ないということだろう。

6．専門家とは？

N：原発もそうだけど、各方面のいわゆる「専門家」がそれぞれの立場で発言していて、素人にはわかりづらいことがたくさんありすぎると思うんだ。自然エネルギーについてもいろんな専門家がいろんなことを言っているよね。例えば、風力発電の導入をメインに主張している、エネルギー戦略研究所所長の山家公雄さんは「中立的なエネルギーシンクタンクを心がけている」（山家 2013）と言っているけど、どうなんだろう。

T：そのエネルギー戦略研究所は、建設補助金制度が廃止されてから経営難や不適切経理処理が問題になっている㈱日本風力開発の子会社だ。しかもこの人はその融資元である日本政策投資銀行の参事でもあって、長年再エネ関係の融資担当だった人だ。

N：そうなの？　風力発電会社の子会社社長と融資元の銀行の担当を兼ねているのか。それじゃあ中立も何も、いいことしか書かないよね。

T：だからおかしな発言も多い。「風力発電反対運動は西日本で多く、北海道や東北、九州ではないのはおかしい」、「加藤登紀子が風力発電見直しを要望し、その知名度をプロの組織が利用している」、「地元住民ではなく、全国で反対運動を展開しているグループが主に活動している」、「風力発電に反対するのは全国的な組織やプロ的な組織で地元住民ではない」等々だ（山家 2012）。
N：いかにもありそうな話だけれども、そんな全国で反対運動を展開しているグループとかプロ的組織ってあるのかな？
T：例えば、西日本ではそもそも風力発電計画自体が少ないから、北海道や東北、九州ほどは風力発電反対運動は多くない。地元住民以外が反対運動をしているのは全国的にも聞いたことがないな。全国で反対運動を展開している組織とかプロ的組織というのも知らない。発言に根拠はないと思うよ。㈱日本風力開発の経営がかなり危ないから、焦っているのかもしれない。
N：以前、原発反対運動に対して、「あの人たちは何でも反対する人たちだ。全国的なプロ的組織の疑いがある。過激派と繋がっている」などと事実無根の話を言い続けて一切無視しようとするお偉方がいたけど、似たような論理だね。そういうレベルで話をしてたらまとまるものもまとまらないだろうに。
　そういえば、２０１４年9月末から10月にかけて電力5社（北海道、東北、四国、九州、沖縄）は再エネの買取中止を発表したけど、今になって買取中止なんてひどい話だよね。
T：いや、再エネ特措法に明記されていることが実行されただけだよ。
N：そうなの？
T：この法律ができる時に結構もめた項目だが、結局、再エネは電力系統に影響を与えない、安定供給に支障を来さないということが定められたんだ。
N：再エネ業者はかなり困っているという報道も多いよね。

T：しかし、再エネ事業者がみな、本来の趣旨に沿ってCO_2排出削減を目指して頑張って日々価格の低下や効率化に励んでいるか、優遇策なしでもやっていけるように自立を考えているかというと、そんな事業者は皆無で、儲かるからやってみよう、儲かる間だけやろうとしている事業者がほとんどだから、同情の余地はないと言いたい。素人でも太陽光や風力発電の問題点や投資リスクについて少し勉強すればわかることだし、再エネ特措法を読めば大きな期待はできないこともわかる。それでも敢えて事業化したわけだから、電力会社や政府ばかりを悪く言うのは少し違うと思う。再エネはCO_2排出削減のための手段であって目的ではないはずだ。再エネなら何でもいいものだ、だから再エネ業者はかわいそうだ、という感情論で言うべきことではないと思う。

N：先の5電力会社に北陸、中国電力も加えて、電力会社が再エネの出力を抑制しやすくして再開するというのが経産省の方針らしいね。再エネを優先するヨーロッパ諸国と違って、日本のやり方はよくないと言われているけれども。

T：いや、再エネの出力抑制は日本独自のものではなくて、単にヨーロッパの制度の後追いをしているだけだ。スマートグリッドが導入されてもそうすべきだとされている。これは当初から再エネの専門家や事業者も言っていたから、今さら驚くようなことでも問題にすべきことでもないと思う。何度も言うが、再エネは手段であって目的ではないということを忘れてはいけない、感情論だけで進めてはいけないと思う。

7．日本で自然エネルギー発電所がさらに増えた場合は？

N：もし、今後日本で自然エネルギー発電所がどんどん増えても、電力会社は相変わらず電力系統の誤差の範囲以上は解列しておくことになるのかな？

T：日本は東西で周波数が60Hzと50Hzと違う上に、各電力会社管内の狭い範囲で電力系統が独立しているので、誤差の範囲もかなり小さい（図2 日本の電力系統図）。今後、発送電分離が実行されて、東西の周波数が統一されて電力系統が大きくなったら、誤差の範囲も大きくなって、ある程度増やせるようになるだろう。ただそれは、雲散霧消する電気も増えるということで、省エネには結びつかないと思う。

いくつかの電力会社の専門家は、余分な自然エネルギーの発電量は揚水発電所で吸収させればいいと言っていた。

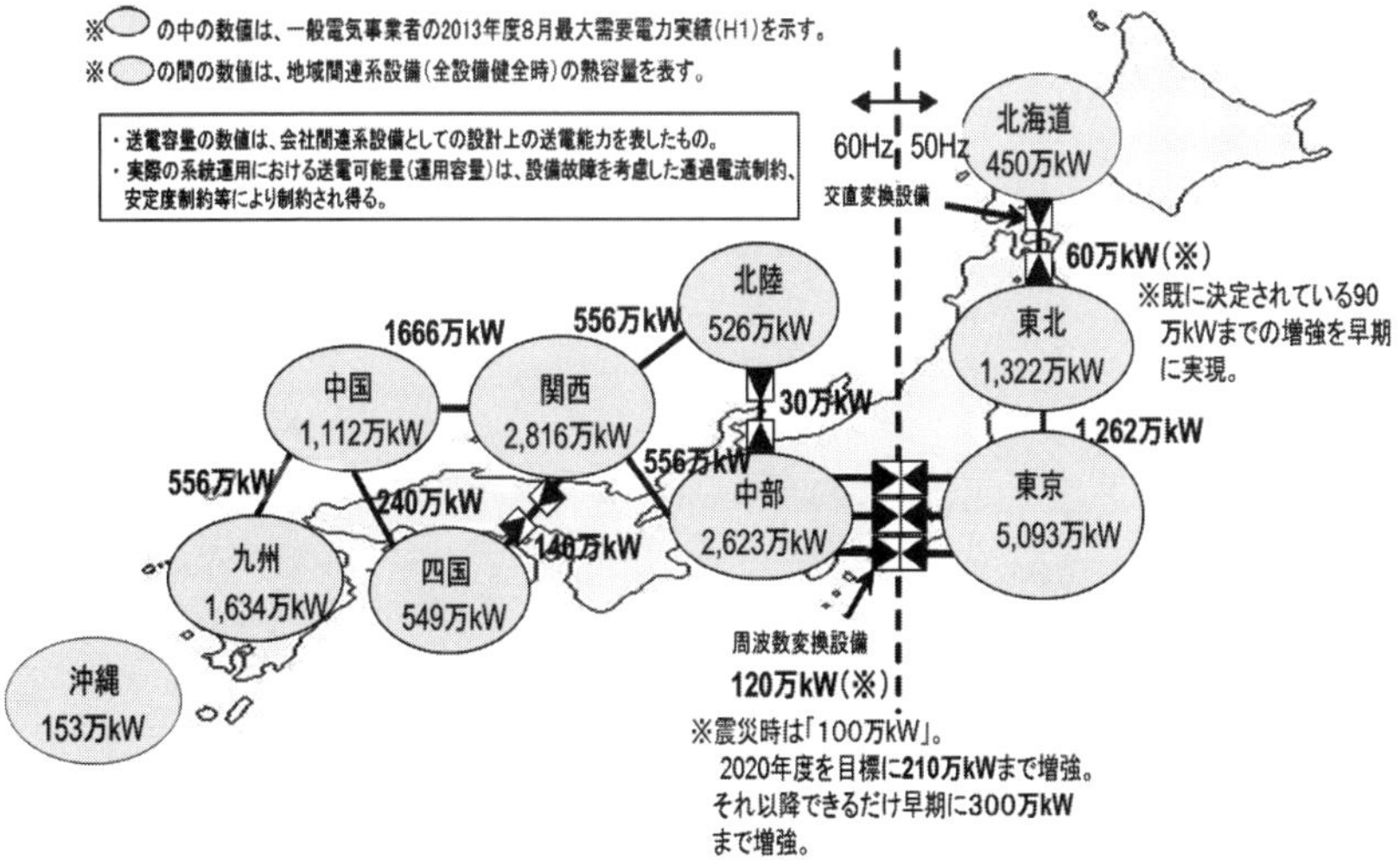

図2　日本の電力系統図と送電容量（エネルギー白書2014より）

N：揚水発電所というのは？

T：ダムを2つ造っておいて、電気が余っている時間帯は電気ポンプで下のダムの水を上のダムに上げて、電気が必要になった時間帯には上のダムの水を下のダムに落として水力発電機で発電する仕組みの施設だ（図3）。

N：電気が余っているというのはどういうとき？

T：元々は原発の発電量が莫大で、原発は発電量を調整すると原子炉の寿命が短くなるので、余った電気をいわば捨てるために造られた施設だ。たいてい原発と対になって建設されている。原発がなければ特に必要ない施設だ。

N：電気の有効利用をする施設っていうわけではない？

T：蓄電設備としては実に効率が悪い。蓄電率は実質50％以下だ。水を上下させるためロスが大きいし、水漏れや地面への浸透、蒸発もある。

N：つまり、原発の余った電気を捨てるのと同じように、自然エネルギーの誤差を越えた電気も捨てるという発想なのかな。

T：まさにそうだ。

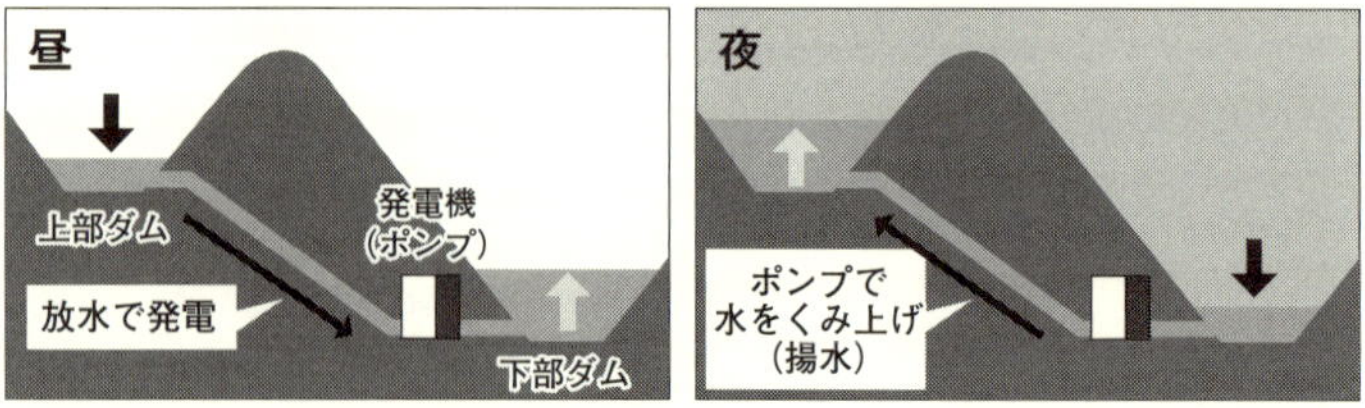

図3　揚水発電所のしくみ

8. 揚水発電所

N：「揚水発電所の設備利用率は昨年度、全国で3％にとどまり、太陽光発電などの再生可能エネルギーが余ったときに蓄電する受け皿としてはほとんど活用されていないことが、経済産業省の集計で2014年10月1日わかった。九州電力など電力5社は再生エネルギーの供給が増え過ぎて需給バランスが崩れる恐れがあるなどとして、新規受け入れを中断している。経産省は揚水発電を最大限活用すれば、再生エネの受け入れ可能量が増えるとみており、5社に試算の提出を求める（共同通信2014）」という報道があったけど、これはどういうことなの？

T：おかしな話だね。太陽光発電で発電した分を火力発電所で削減しないとCO_2削減にならないじゃないか？　揚水発電所に回したりしたら本来の目的から外れてしまうからね。

N：そうか、でも揚水発電所で発電する時に火力発電所の出力を下げたらどうなる？

T：さっきも言ったように、揚水発電所はロスがもの凄く多い発電所だから、敢えて使うべきではないと思う。削減できる燃料は直接火力発電所の出力を削減した場合の1／3以下になってしまう。これにダム湖の結氷とか水へのヘドロやシルト、濁水の混入など悪条件が重なるともっと下がってしまう。揚水発電所は全国に49カ所、2600万kwと世界最大規模の施設があるが、原発が止まっているので使い道がないようだ。例によってどうせ総括原価方式で発電施設の費用は電気料金に上乗せできるからとかなり余分に造ったのだろう。使わなくて済むのなら使わないほうがいいだろうね。

9. 自然エネルギーに必要な面積と費用

N：ここまで聞いていると、風力発電や太陽光発電が原発の代わりになるのは難しいんだろうか。
T：発電量も問題だね。原発や火力よりもかなり少ない。
N：数を増やしたらどうなんだろう？
T：例えば、風力発電で原発1基100万kWの発電をしようと思うと2000kW機なら500基必要になる。これを相互干渉が起きないように最短距離、相互に離すとすると、ローター直径の7倍、560mは離す必要があるから、一直線に並べると約280km必要になる。南北に並べると福井沖から潮岬まで、東西だと京都から広島まで必要になる。正方形に並べると約225km²、東京湾や大阪湾の北約1／3くらいだ。主な風向きの横方向にはローター直径の2〜4倍、160〜320m離せばいいのでは？　という話も聞くけれど、冬の季節風の場合、真北から真西まで結構変化するから、主な風向きは実は一定ではない。そして、建設に1・1兆円必要との試算がある。これだけ造っても、傘がさしにくいくらいの強風が吹いた時間帯だけしか、原発1基分の発電はできないということになる。
　太陽光発電で原発1基100万kWの発電をしようと思うと、約5600ha、山手線か大阪環状線の内側より少し大きいくらいの面積が必要で、仮に造るとなると5・8兆円かかると言われている。それでも、原発1基分の発電ができるのは晴れた昼間だけだ。
N：うーん、原発10基分とかになると、とんでもない面積と費用が必要になるっていうことか。
T：だから、「原発のほうがはるかに安い金額で、1haもあれば建設できるから、はるかに自然環境に優しい」というのが、原発推進派の主張だ。
N：原発をよく知らない人はすぐに賛成してしまいそうだなあ。
T：そう、闇雲に自然エネルギー推進ばかり言うと、原発の方がいいという理論に逆に利用されてしまうことになる。

10. 風力発電所と太陽光発電を増やせば平準化できるのか？

N：しかし、風力発電所やメガソーラーを思い切り増やしたら、発電量が平準化（図4、図5）されてなんとかならないのかな。
T：確かに産業総合研究所でもそうした試算を出したことがある。たくさんの風力発電所があればどこかで強い風が吹いているだろう。たくさんの太陽光発電施設があるとどこかでは晴れているだろうという発想だ（産総研 2008）（安田 2013）。
根本的な問題は日本列島の気候だ。天気図を見るとわかるように寒冷前線のカーブと日本列島のカーブが実によく似ている（図6 天気図）。そして、梅雨時と真夏以外は、前線を伴った低気圧と高気圧が交互に大陸からやってくるので、約3日の周期で雨と晴の周期を繰り返している。だから、日本中でほぼ一斉に雨が降って、ほぼ一斉に晴れる。寒冷前線通過後と冬の西高東低の気圧配置の時だけは風力発電機が定格出力を出せるような強い風が吹くが、やはり、日本中ほぼ一斉に強い風が吹いて、ほぼ一斉に止むんだ。

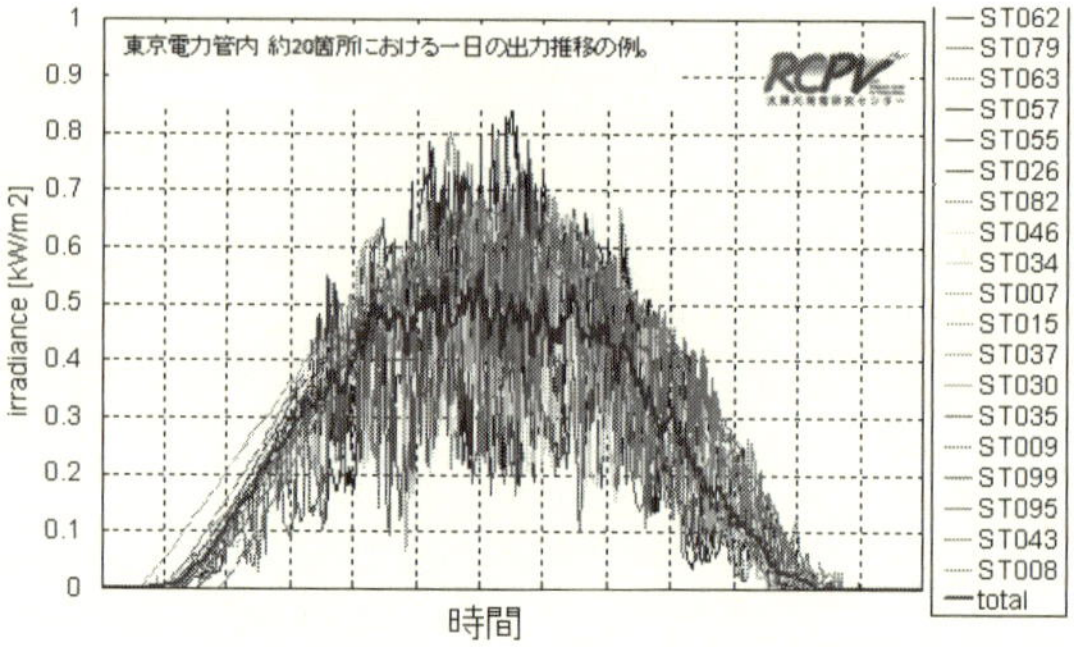

図４　太陽光発電の平準化（太陽光発電研究センター）

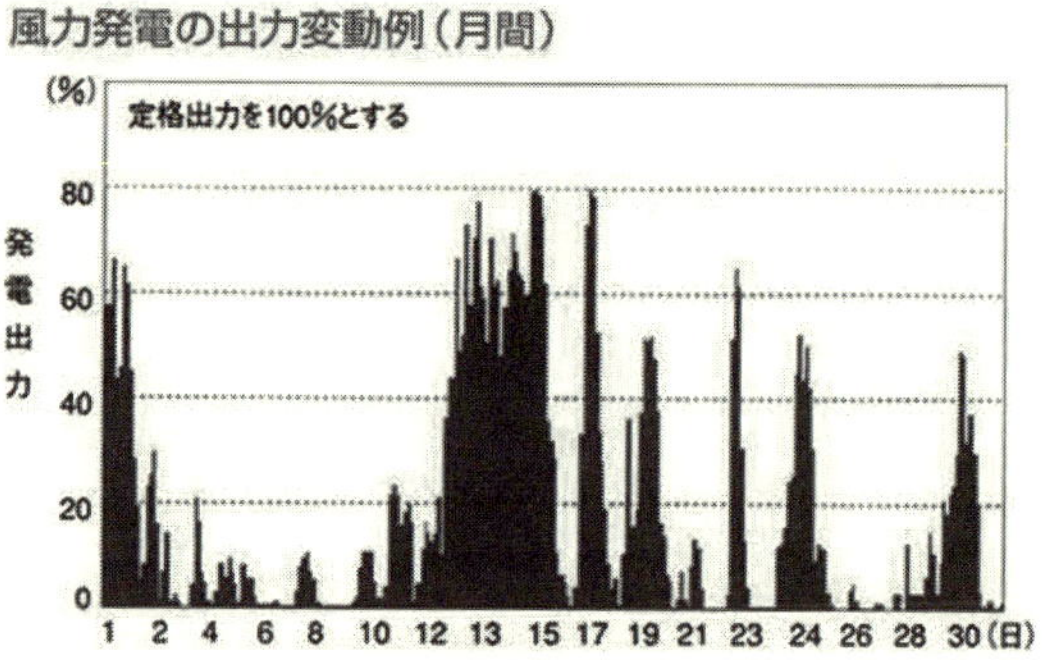

図５　風力発電の出力変動

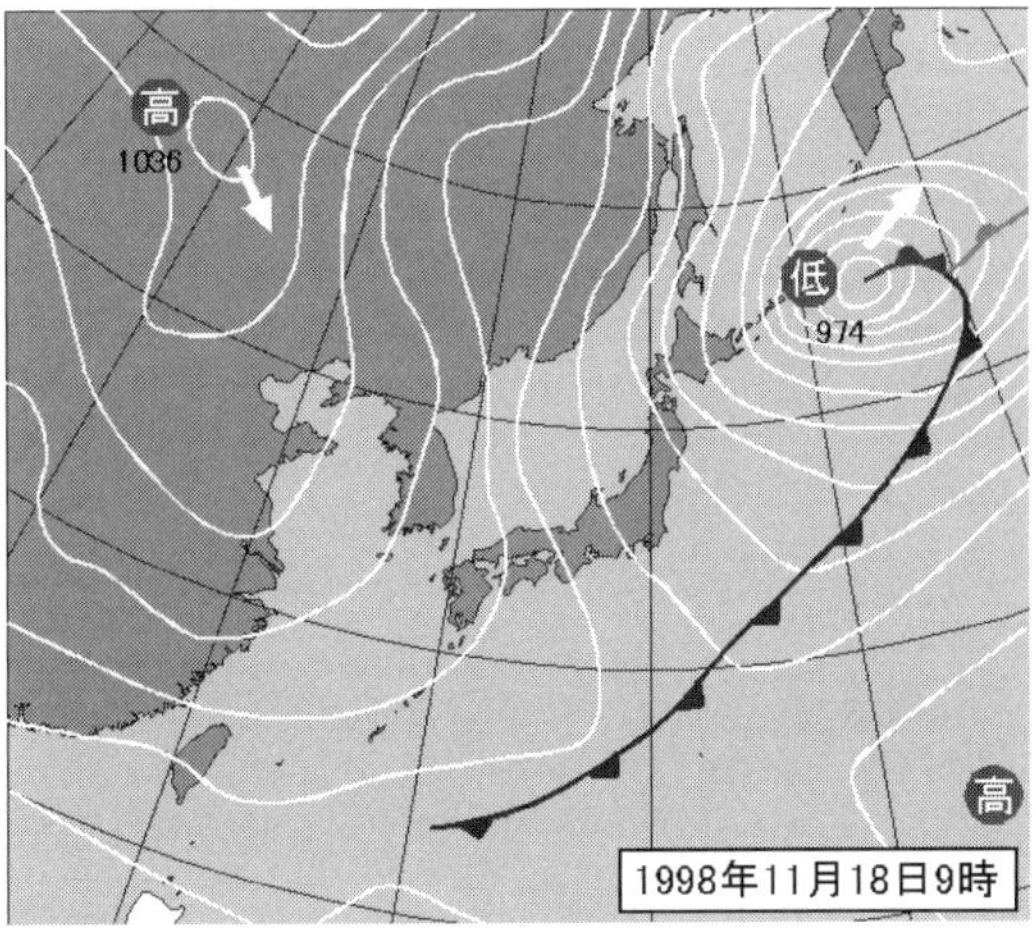

図６　天気図

N：ということはやっぱり平準化は無理なのかな。

T：そうだな。その上、電力系統の大きさ自体の問題がある。日本は東京電力管内から北は50Hzで、北陸電力、中部電力から西は60Hzと東西で周波数が違う。その上、10の電力会社がそれぞれ独立した電力系統を持っていて、送電線はつながってはいるが相互に融通できる電力量は非常に小さい。先に言ったように、ヨーロッパはロシアからポルトガルまで送電線がつながっていて、周波数も50Hzと全域で同じ。アメリカは全土で60Hzで送電線がつながっている。これだけ大規模だと多くの風力発電所や太陽光発電所があって平準化できると考えられた。広い地域のどこかでは強風が吹いていたり、晴れているだろうという考え方だった。しかし、実際には、急に風が止んで火力発電所の出力上昇が間に合わず、大停電寸前になったりして、うまくはいっていないようだ（経産省2009、NEDO 2008）。

２００６年11月４日にはドイツのエムス川を渡る

送電線を大型客船が通過する時に送電を停止したところ、送電線の過負荷が生じ、更に風力発電の電力不安定を吸収できなくなり、ヨーロッパ全土（北欧、イギリス以外）で周波数が変動し、大停電が発生した（ナショナルジオグラフィック 2012）。そのために、ヨーロッパでは、北アフリカとも送電線をつないで連携しないとダメだという構想がある（山藤 2010）。日本でも、ロシア、中国、韓国、東南アジアまで送電線をつなげばうまくいくんだという説を唱えている学者もいる（山藤 2010）。

N：そんなの一体いつ実現するんだろうなあ。日本では周波数の統一も、送電線の統一も難しいんだろう？　それに、発送電分離もいまだに実現していないのに。

T：そう、現在の日本の電力事情では、風力発電所や太陽光発電施設は電力系統の誤差の範囲にとどめるか、誤差の範囲を越える発電をした場合は解列するのが現実的対応だと言わざるを得ない。あるいは、火力発電所を風が止んだり、曇ったりした時用にいつも待機させておくことだが、ヨーロッパやアメリカではこの待機用の燃料が結構かかって、CO_2排出量は逆に増えてしまった（NEDO 2008）。

N：風力発電や太陽光発電で化石燃料を減らすつもりが、逆に増やしてしまったということ？

T：そう、これも原発推進の格好の根拠にされている。

III 風力発電の罠

1. かなり強い風が吹かないと風力発電は役に立たない

N：多くの専門家が言っているけれども、風力発電は発電量が大きく、安く簡単に建設でき、点と線の開発で自然環境への影響もほとんどないから、たくさん増やせば、原発なんかいらなくなるって（図7 風力発電所）（山家 2012 2013）（安田 2013）。

T：風力発電は文字通り風で発電する。風がない日はどうする？

N：少しでも風が吹いていたら発電できるんじゃないの？

T：いや、風速3～5m／sつまり小枝が揺れて、白波が立つくらいの風だと、風力発電機は回っていても発電できていない。

N：じゃあ、それ以上なら発電できるの？

T：定格出力、つまり2000kwの風力発電機が2000kwの発電ができるのは、風速12m以上、つまり傘が差しにくいほどの風以上で、それ以上ではあまり変わらない。そして、25m／s以上の瓦が飛ぶくらいの風になると自動停止するんだ。

普段、風が強いなあと感じるレベルは風速8m／s、つまり紙片が舞い上がるくらいの風だと、発電量は風速の3乗に比例するから、定格出力の1／8、2000kwだと250kwくらいしか発電できな

図7　風力発電所（青山高原ウインドファーム）

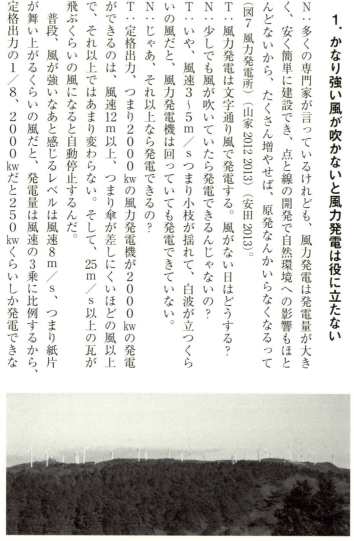

い。例えば電車が発車するには800～1500kw必要だから、大型の風力発電機3基が、風がまあまあ強い時の電気でやっと発車できることになる。

N：だけど、日本も案外広いから、どこかでは強い風が吹いてるんじゃないのかな。

T：例えば真夏の1カ月ほどは日本中晴天でそんなに強い風は吹いていない。

N：そういわれるとそうかもなあ。

T：例え話をすると、製品を2000個作れるという風力機械を買ったが、本当に2000個作れるのは、すごく風が強い時だけで、普段は週休2日どころか、5日ほど休んでいて、1週間に2日ほど250個作ることもある。もちろん火力機械は、2000個いつでも作れるし、休みなしにでも作れるわけだけれども、風力機械の数も入れておいて、どうだ我が社はすごい生産能力だろうと自慢してやろう。といったところかな。

N：知らない人にはわからないわけだ。聞いただけだとそうかなあと思ってしまうよね。

2．犬吠埼沖の風力発電だけで東京電力全体の電気がまかなえる？

N：田中優さんが「東京電力が東大に頼んだ研究で、犬吠埼沖に風力発電機を並べるだけで東京電力管内全体の電気が賄えることがわかった。だから、東電は東大に隠すように頼んだ。しかし、インターネット上に流出していたのを私が掴んだ」と全国各地の講演で何度も言い続けているのはどういうことなんだろう。

T：東大にも確認したけれども、そんな事実はない。結構話題になったけれども、東大もそんな事実はないと表明している。

N：田中さんは「都合が悪いことなので、みんな隠しているんだ」と言っているけどね。

T：それらしい論文は、東大の研究者が出した「房総半島全体の沖に風力発電機を並べたら設備容量は東電管内で必要な電力に相当する」というもので、これは公開されていて秘密でもなんでもない論文で、ただの試算を述べただけのものだ（山口ら 2007）。

3．設備容量、定格出力の罠

N：「設備容量は東電管内で必要な電力に相当する」って言うけど、その設備容量っていうのは？

T：風力発電機の場合は、定格出力は風速12m／sという傘がさしにくい強さ以上の風の時に出せる最大出力か、それを少し下回る出力で、それを単純に風力発電機の数だけ足し算して、設備容量と言っている。

N：なるほど、現実に発電できるかどうかじゃなくて、設備として可能な容量ということか。風力発電機の場合は相当強い風が吹いた時だけ発電できる能力の合計のこと？

T：そう。火力発電所や原発の定格出力というのは必要なときに連続して発電している出力のことで、設備容量はその足し算だからいつでも出せる出力の容量のことだけれども、風力発電や太陽光発電は最大出力なんだ。

N：なぜそんなウソをつくんだろう？
T：いや、ウソというわけじゃなくて、風速や日射量で発電量は刻々と変化するから、最大出力をもって定格出力と言っておくのは必ずしもウソではないということだろう。
N：でも、それだと勘違いするよね。
T：そう、一部の専門家や大新聞も、定格出力や設備容量がいつでも出せる電力のことだと誤解しているような発言や記述が目立つ。
N：定格とか容量と言われると。なんとなくそう思ってしまうんだよね。
T：しかし、東大の論文にある房総半島全体の沖合約50㎞を風力発電機で埋め尽くすというのはあまり現実的な話ではない。環境省の全国的な試算もそうだが。

4. 環境省の試算（風力発電を増やせば原発を上回る）

N：環境省も、風力発電機を増やせば原発を上回るという試算を出していたな。
T：２０１１年4月21日に発表した「平成22年度再生可能エネルギー導入ポテンシャル調査の結果について」だな。その解釈に「日本での風力発電で、風が吹くときだけ発電しても、最大１億４０００万キロワットの電力を生み出すことが可能で、国内全体の発電量のうち原子力で賄われる量を上回る結果となりました」とあるが、これも設備容量の単なる足し算だ（環境省 2011）。毎日放送の取材に答えて、「あくまで試算で、潜在容量です」などと言い訳していた。確かに、発表のタイトルはポテンシャル、潜在だ（毎日放送 2011)。

N：「風が吹く時だけ発電しても」っていうけど、風が吹かないと発電できないじゃないか？ 潜在といっても、本当に風力発電を増やしても、傘が差しにくいくらいの風なんて滅多に吹かないいんだから、実際には役に立たないじゃないか。

T：そう考えるとずいぶんと無責任な発表だと言える。国内の原発を上回る発電を必要な時にしてくれるのならいいが、反対に、休日の真冬の夜とか必要ない時に原発を上回る発電をしてもらっても、大停電の元となったり、困るだけだ。ヨーロッパやアメリカでもこのために何度も大停電寸前になっている（NEDO 2008)。

5. 洋上風力は強い安定した発電ができる？

N：海上ならいつも強く安定した風が吹いているから、強く安定した発電ができると新聞にもよく書いてあって、経済産業省の外郭団体NEDOがシミュレーションした風況マップによると海上はどこも平均風速が非常に高いとなっているよね。これは有望なんだろうか？

T：気象観測船や離島の測候所のデータをみると、確かに平均風速は陸上よりも高いようだ。しかし、風向や風速は別に安定ではなく（図8 気象観測船、離島の測候所の風速変化）変動がかなり激しい。最大風速をみても、風力発電機が定格出力を出せる12m／s以上になることはあまりない（J. Twidel ら 2009)。

N：でも、実際に強くて安定していると盛んに言っているように聞こえるよ。

T：そんなデータは見当たらない。洋上の風が本当に強くて安定なら、昔の帆船はそれほど苦労はしなかっただろう。安定した風向の一方向にしか進まなかったかもしれないが。ヨットレースも簡単なものになるはずだ。実際の帆船やヨットは風が強くなるのや風向きが変わるのを待つ、風待ちの期間が結構長く、大変だった。

N：でも、洋上風力はヨーロッパでは盛んに進められているんだよね？

T：ヨーロッパのオランダやイギリス、デンマークのものの多くは洋上というよりは干潟や浅瀬のもので、台風がまず来ないから建設できるようだ。日本では、今のところ洋上というよりは堤防上とか水辺ギリギリから数km沖のもので、海底に支柱を固定するとたいへんだから浮体工法で進めようとしている。しかし台風が来たらどうなるか？　陸上のものが大した風も吹いてないのによく故障している。それが洋上でもつとはちょっと信じられない。

N：ヨーロッパではうまくいっているのかな。

T：最近は40km以上沖に建設するようになってきた。これくらい離

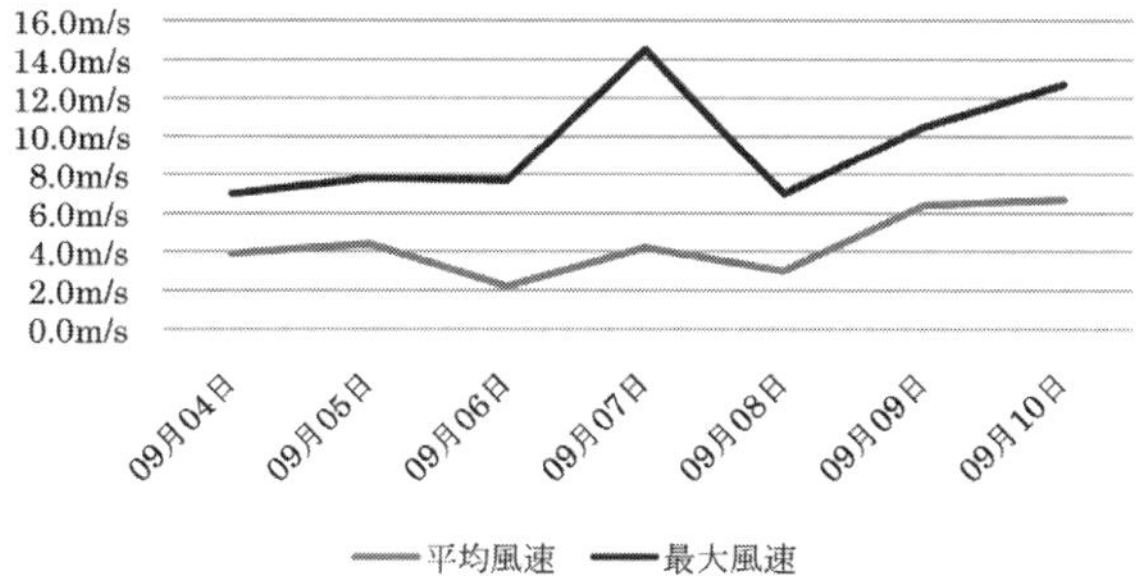

図８　気象観測船、離島の測候所の風力変化（2008）

れると陸からはあまり見えず景観への影響がないからだそうだ（岩本 2012）。実はオランダ政府は２０１１年11月に洋上風力への補助金はこれ以上続けられない、費用の割に発電量が少なすぎると表明した（時事通信社（2011/11/17-11:13））。それなのに日本では、２０１４年から固定買取価格を上げて推進している。欧米の実績を全く考慮していない。

N：海上だと健康被害や自然破壊もないのかな？

T：それについては結構論文が出ていて、洋上風力発電所の影響で魚介類が増えたという論文と減ったという論文がある。増えたのはイガイなどの着生生物と海藻で、減ったのは大型魚類やクジラ、イルカなどの海獣類や鳥類だ（風間 2012）（図９ 洋上風力発電による影響一覧）。

N：影響は結構大きいじゃないか。

T：研究が進めばさらに明らかになってくるだろう。

６．世界初の浮体式洋上風力発電

T：２０１３年11月11日に福島県の小名浜港沖20㎞で世界初の浮体式洋上風力発電が稼働をはじめた。洋上風力発電は２０１４年から固定買取価格も特に高くなった。

N：福島沖の洋上風力発電はマスコミにもずいぶんと大きく取り上げられていたね。

T：福島洋上コンソーシアムという産学協働事業で三菱重工、日立製作所、東京大学など11社が参加して、１１５億円の税金を使って３基造って実験する。新聞でも「世界初の浮かぶ風車が回りだす

洋上風力発電所が魚類に及ぼす影響

事象	原因	影響
騒音	探査、建設工事、回転	出血、浮き袋の破裂、音声コミュニケーションの阻害
海流、波浪の変化	基礎	低質の変化（泥質化、礫質化、浸食、堆積）
濁り、化学物質	探査、建設工事、回転	未評価
電磁場変化	ケーブル、回転	筋収縮のかく乱、定位及び探索行動の阻害
生息地喪失	基礎	未評価
生息地創造	基礎	魚礁となる 漁獲されない海域ができるので増える？
ストロボ効果	回転	行動の変化（逃げる）
乱気流	回転	波、気温、水温の変化

洋上風力発電所の海生生物への影響。増えた種類、減った種類

減った種類	減る可能性の高い種類	増えた種類	増える可能性があるとされる種類
大型魚類	イカ類	イガイなど着生貝類	
鯨類	タコ類	フジツボ類	
スズキ科	稚仔魚	海藻	アイゴ類
タイ科	サメ類	外来種	稚仔魚
底生魚類	エイ類		

図9　洋上風力発電による影響一覧

図10　浮体式洋上風力発電

日本の眠れる資源がエネルギーを変える」と大変な期待ぶりで（日経ビジネス 2013）、テレビ番組の「夢の扉」でも、希望の星だと紹介された（図10）。

ところで、日経ビジネスのセミナーの案内はもっとすごい。「洋上風力発電の事業化を目指す動きが広がろうとしている。海上は陸上よりも強い風が安定して吹く。政府の調査では、国内における洋上風力発電の導入可能量は16億 kW に上り、再生可能エネルギーの中では、陸上風力の6倍、太陽光の10倍、地熱や中小水力の100倍とポテンシャルは他を圧倒する。世界6位の広大な排他的経済水域（EEZ）が抱える風力資源を発電に生かせれば、豊富な国産エネルギーを手に入れることになる。2万点の部品で構成される風力発電機産業の裾野は広く、産業全体へのインパクトも大きい。安倍政権は洋上風力の推進を成長戦略の柱の1つに掲げ、新たなビジネス領域としても有望視される。大きな電力を生み出せる洋上風力は再生可能エネルギーの本命だ。だが、海域の利用や海洋での建設など、陸上風力の経験をそのまま生かせる訳ではない。洋上風力発電の普及には、この分野への事業者参入を促す、ビジネス環境の整備が不可欠である。一方で、参入事業者には新たな知見やノウハウが求められる。本セミナーでは、建設計画が持ち上がり始めた『着床式』、実証試験が始まる『浮体式』の技術的なポイントやビジネスに求められる視点を整理し、海外事情や今後の支援政策を絡めて、洋上風力の産業化の道程と事業参入の要件を探っていく」と。大儲け間違いなしの投資先だと煽っている（日経エコロジー）。

N：かなり危ない話なんじゃゃない？

T：現状では洋上風力発電が時たま大量の発電をしても、各電力会社の狭い電力系統の誤差の範囲を越えると解列されるだけだからな。

N：ヤフーニュースでみたんだけど、「今回の福島プロジェクトのリーダーである東京大学の石原孟教授によると、これは「２０４０年までに再生可能エネルギーを１００％以上にする」という福島県の目標に対して７％貢献するという。同氏は最終的に日本が電力需要の１／３を洋上風力発電で賄うことを望んでいるという。しかしその夢は現実的ではないと、サイエンティフィック・アメリカン誌は指摘した。東京大学のポール・スカリス研究員によると、風力発電は日本の総発電容量の０・９％程度だという。また政府や経団連などは、風力などの再生可能エネルギーだけでは原発のような安定した大量発電は不可能だと主張している」という報道もあった。これがそのとおりだとすると明らかに浮かれすぎってことなのかな。

T：ほとんど税金でできる実験だし、名前を売れるからと11社も参加したんだろう。

N：肝心の発送電分離や送電線の全国統一、バックアップ用の火力発電所建設などは知らん顔なのかな？

T：実証実験だからと、発電した電気が実際に使えるかどうかは特に考えていないらしい。日立製作所あたりに、洋上風力発電だけで、おたくの工場を動かしてみな。と言いたいね。

N：それはできないのかな?

T：風力発電だけでは発電量の変化と電圧の変化が激しすぎて、相当調整しても精密機器やコンピューターの電源に使うのは無理だろう。

N：結局、洋上風力発電はどうなんだろう?

T：『洋上風力発電――次世代エネルギーの切り札』という本がある。洋上風力発電のいい点や期待を書いてある本だが、問題点もちゃんと書いてある。簡単に言うと「ドイツでは、深夜に風力発電の発電が需要を上回り、危うく大停電しかけた。風力発電の発電力の変動は火力や水力で補っているが、すでに国内の風力発電、太陽光は国内で調整可能な範囲を越えているので、隣接諸国に売ったり、フランスの原発の電気をベースロードに当てたりして、何とかやっていけるのだ。スペインは中央制御センターで、どの発電所を止め、どの発電所を動かすか一任されていて独裁的に命令でき、風力発電の不安定な発電を他の発電所と補い合っている。更に周辺諸国と送電網が繋がっているからやっていけるのだ。日本でも、もう少し送電線を強化するとか、蓄電池の活用、要らない時の風力発電の切断、出力低下、風の弱い日の家庭用電気機器の遮断などで何とか少しでも多く風力発電を増やしたい。将来的には、太い海底ケーブルを日本列島の沿岸にぐるりと敷き、全国の洋上風力発電所を結んで中央制御センターで管理すればいい」のだそうだ（岩本 2012)。

N：何だかよさそうな話だけれども、簡単にはできそうもないな。

T：この話も、洋上風力発電所で発電した分を火力発電で削減しないとCO_2排出削減という本来の目的から外れてしまう。洋上風力はCO_2排出削減の手段であって、造ること自体が本来の目的ではないはずだ。中央制御センターや日本列島を取り巻く太い海底ケーブルをという話だが、日本では東西の周波数統一には100兆円が必要との試算がなされ（経済産業省 2012）、それはあきらめて、東西の周波数変換所での融通電力を120万kwから210万kwに少しだけ拡張することの実現予定が2020年で、費用は1320〜1410億円で運用後は電気料金に上乗せする計画だ（読売新聞 2013）、それ以前に各電力会社間の連携線も十分ではないようで、中央制御センターなどとてもできそうにないし、つくる機運もなさそうだな。

こんな状態では日本列島を囲む太い海底ケーブルなどとても無理で、当面洋上風力発電所だけを増やしても役には立たないと考えるべきだと思う。

7. ヨーロッパには偏西風があり風向も風速も一定？

N：ヨーロッパは偏西風があって風向きも風速も一定だという話もあるよね。実際はどうなんだろう。

T：確かに三菱重工はじめ多くの風力発電事業者のホームページや案内にはそう書いてある。しかし、偏西風というのは上空5000〜1万6000mくらいを常に吹いている強い風なんだ。

N：それがヨーロッパでは地上付近を吹いていて、風向も風速も一定なのかな？

T：そんなことはない。偏西風は高度1万m付近では、277m／s、時速に直すと100〜300

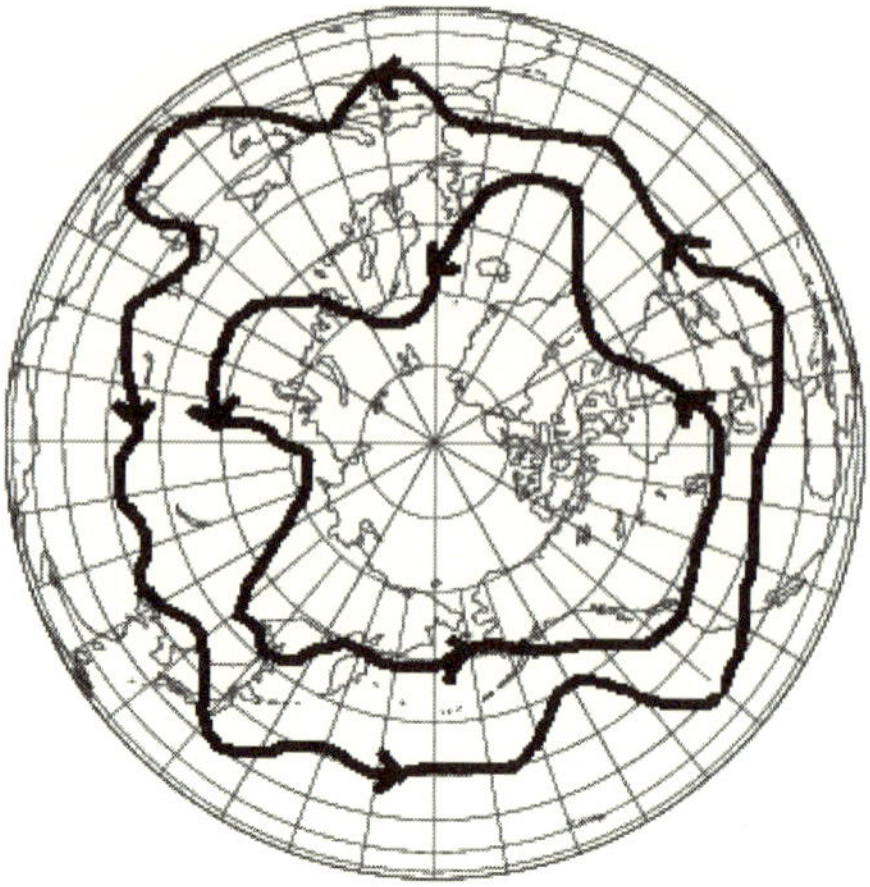

図11　偏西風蛇行図

km／hという風だ。こんな風が地上付近で吹いたら大型台風程度の被害ではすまない。風速20ｍ／ｓで人家の被害が出はじめ、24ｍ／ｓを越えると樹木が根こそぎ倒れはじめる。もちろん風力発電機そのものが耐えられない。発電どころではない。

N：偏西風自体は風速も風向も一定で、地上風もそれに釣られて一定なのか？

T：いや、偏西風は地球を1周する風で日本でも吹いている。概ね西から東に向かって吹いている。ただし、気象庁のホームページなどでも確認できるが、風速も風向もしょっちゅう変化している。大きく蛇行していて、そのルートがしょっちゅう変わっているんだ。日本付近だとナホトカから小笠原当たりまでウネウネと変化している（図11偏西風の蛇行）。

N：くどいようだけれども、ヨーロッパでは一定なのかい？

T：いや、1日で数百km移動することもあるし、日によっては午前と午後で風向が180度近く変わっていることもある。

N：つまり発電機を上空高くに持っていってもダメということ？

T：そもそも航空機が近づいてはならないとされているくらいの風だから、発電などとても無理だ。

N：じゃあなんで「偏西風があり」なんて堂々と言うんだろう？

T：専門家ともあろう者がどうもよくわからない。ロクに調べもせずに風力発電を進めているとしか思えない。実際に発電できるかどうかは大きな問題ではないようだ。

8. 不可解な風力発電所建設

N：とにかく造ればよくて、発電した電気はどうでもいいのか？

T：わかりやすい例がある。三重県の青山高原だ（図12 青山高原の山かげの風力発電機）。

中部電力の子会社シーテックが、風力発電機所の、大増設のために資本の80％以上を牛耳っている第3セクター青山高原ウインドファームが、日立製作所を使って2013年から巨大風力発電機を40基を建設しているんだが、何と山頂ではなくて、山の中腹に建設中だ。北西の季節風が当たらない山陰にも建てている（図13 青山高原ウインドファーム増設計画図）。しかも北西方向に4〜7基をぎっしりと並べる。風力発電機の造る後流渦（後方乱流）の影響や相互干渉を受けない距離まで十分離していない（図14 風力発電配置原則図）。同じ青山高原のウインドパーク笠取で2013年月日に風力発電機の一つが羽根が支柱に当たって折れる事故があった。シーテックとメーカーの日本製鋼所は、ナセ

図12　青山高原山かげの風力発電所（ウインドパーク美里）

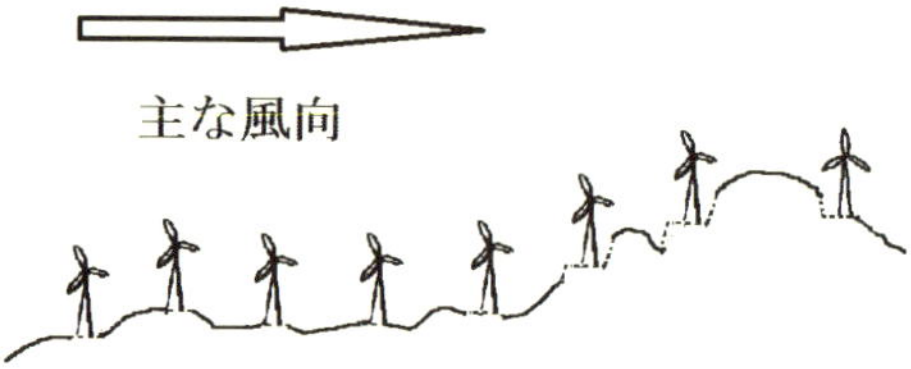

図13　青山高原ウインドファーム増設計画図

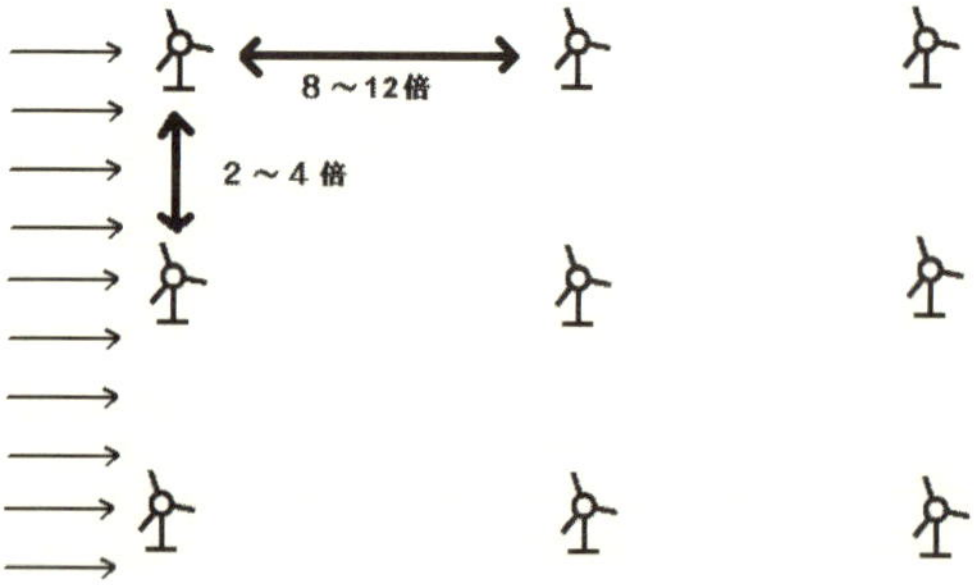

図14　風力発電配置原則図

図15　壊れた風力発電機（ウインドパーク笠取）

ル（発電機の入れ物）と支柱の間の部品が弱かったためだと言っているが、乱気流で羽根にねじるような力がかからなかったら、部品が弱かったとしても支柱に当たるほど曲がらなかっただろう。風力工学的に明らかに不適当な場所に不適当な相互距離で建設したことは知らぬ顔だ。今後の教訓にすべきものなんだが。

N：あの事故は乱気流によるものだったっけ？

T：シーテックは、部品の一つが弱かったからだと言っているが、やはり中腹に後流乱流や相互干渉をモロに受ける距離でギッシリ建てた風車の末端のものが壊れているから、乱気流が主因だと考えるべきだと思うよ（図15 壊れた風力発電機）。

N：中腹だと山頂より風が緩いし、乱気流も起こるのは常識だね。なぜわざわざ中腹に建てるのかな？

T：青山高原の主峰、笠取山山頂にある自衛隊と米軍共用のレーダー基地の妨げにならないようにせよと言われたからだ。その南にある青山高原ウインドファームは、山頂が国定公園第1種特別地域だからそこをギリギリ外したんだ。

N：だったらそもそも建てなければいいのに……。

T：そこが不可解なところだ。

N：つまり、発電はどうでもいいっていうこと？

T：前にも言ったけど、計画時、非常に正直な所長がいて「建設さえすればいいんです。発電しなくてもいいんです」と県に何度も言っていたぐらいだから。

N：正直なのはいいんだけどねえ……。

T：また、電力事業部長は「採算は合いませんが、補助金をいただけますので」、「北西の季節風でしかほとんど発電できません」と言っており、専務は「風力発電機は風で回るだけだから、風を乱すことはない」と環境アセスメントへのぼくの意見への返事にも堂々と書いてきた。後方乱流や相互干渉については全く知らない様子だった。風力発電について無知な人たちがドンドン進めていることになる。

N：なるほど。

T：今進めている青山高原ウインドファームの増設事業はすべて風力発電機メーカーの日立製作所にお任せのようだが、メーカーは1基でも多く建てるほうが儲かる。「後方乱流や相互干渉はどう回避するのか？」と聞くと「それは企業秘密です」と言っていた。その前に「ぎっしりと建てて欲しいという発注ですから」とも言っていたが。

N：日立製作所には秘策でもあるんだろうか？

T：日立製作所は富士重工から風力発電事業を買い取ったばかりだから、とても画期的技術を持っているとは思えない。

N：ほとんど詐欺？

T：中部電力も承知の上の消費者だましかも知れない。
N：でもやっぱりわからないなあ。そうまでしてなぜ建設するんだろう。
T：どうも中部電力はじめほとんどの電力会社は、風力発電機は数されあればいいと考えているらしい。各社に何度も聞いたが「風力発電はないものとして発電しています」と言っている。
N：発電の役に立たなくても、風力発電機の数があると何かいいことがあるのかな？
T：再生可能エネルギーも熱心に進めているから原発再稼働を認めて欲しい、というイメージ作りだろうとも考えられるね。再生可能エネルギーを進めているという建前の政治家や経産省の覚えも目出たくなる。うまくいけば、発送電分離や電力自由化を更に先送りしたり、骨抜きにできる。それに、風力発電の電気代は全部消費者に転嫁できるし、建設費は超低利融資や補助金で賄える。建設している子会社からの配当も受けられる。電力会社にとっては損のない、単なる儲け話なんだよ。
N：風力発電で原発再稼働推進か。全国で、原発再稼働が最優先のはずの電力会社がみな自ら、あるいは子会社を使って風力発電所を造り続けるのはなぜだろうと思っていたけれども、なるほどそう聞くとわかりやすい。
T：だから、いくら健康被害をだそうと、いくら自然破壊をしようと、いくら適地でなくても、とにかく造り続けているんだろう。

9．深刻な健康被害は気のせい？

N：「風力発電による健康被害はすべて気のせいであることがハッキリした。風力発電は安く早く建設できる世界の期待の発電事業で自然破壊も点と線に過ぎない。環境省は騒音基準35dBなどという厳しい規制をせずにもっと進めるべきだ」（山家 2013）という話があったな。

T：被害者宅に「気のせいだから我慢するべきだ」と説得に回った音響学者もいたようだ。

N：実際はどうなの？

T：世界中で風力発電機から同じような距離に住む人達が同じような症状を訴えているのに気のせいも何もないだろう。

N：「風力発電により気分がよくないとする住民を集めて、バスに乗ってもらいレジャーを楽しんでもらう。移動中は、車窓にブラインドを下ろして風景が見えないようにする。バスは、風車の近くを通ったり離れたりする。風車からの距離による影響を観察するのだ。距離と無関係なら、やはり心理的なものということになる。コストのかかるものではないので、ぜひ自治体などが実施してほしい」と言っている心理学者もいるんだよね？（山家 2013）

T：例えば、高速道路や新幹線の高架近くの騒音被害を受けている住民に同じ実験をして、高速道路や新幹線の高架に近づいたり、離れたりしたら、症状がひどくなったり、よくなったりしないから、気のせいだとなどと言っていいのだろうか？　そんなわかりやすいものなら誰も苦労しない。高速道路や新幹線の高架近くで長年住んでいるからこその睡眠障害などの騒音被害なんだ。また、亜硫酸ガスやPM2.5などによる肺疾患の患者さんに、亜硫酸ガスやPM2.5の濃度の濃い空気と薄い空気を交互に吸わせたら直ぐに症状に変化が出るだろうか？ 出るわけがない。長年濃い亜硫酸ガスやPM2.5を吸い続けたから病気になったんだ。全くバカな提案をするものだ。

N：なるほど、高血圧の人に塩を舐めさせて、その時に血圧が上がらなければ、塩は原因じゃないというようなものかな？

T：ちょっと例えはよくないが、病気や健康障害が全くわかっていないのに、心理学者が務まるとは驚きではある。

T：被害者の話に「いつ止まるかわからない夜行列車に乗っているようだ」、「いつまでたっても着陸しないセスナ機」という表現がある。我々は普通、夜行列車やセスナ機に乗っただけで健康被害は出ない。夜行列車でも眠れるだろう。それは、いつ動き出して、いつ止まるか知って、承知の上で乗っているからだ。ところが、風力発電機の騒音、低周波音はいつはじまっていつ止まるのか全くわからない。しかも、最初から承知していることではない。なのに、戸障子や置物が低周波音に共鳴してガタガタ震えている部屋で、騒音は環境基準以下だから、低周波音は参照値以下だから我慢して寝ろ。寝られないのや気分が悪いのは気のせいなのだ。などと言うのはあまりにも過酷すぎる要求だ。ブレードの回転によるストロボ効果や、夜間の眩しい閃光で山全体を被った雲や霧がピカピカとまぶしく光る中で「気にせず過ごせ、寝ろ」と言われても普通は無理だろう。

N：そうだよな。突如、いつはじまっていつ終わるかわからないような騒音や低周波音にさらしておいて、ただ我慢しろというのは明らかにおかしいよね。ただ、症状には個人差があるから、風力発電による被害はないという専門家もいるんだよね。
T：症状に個人差のない病気なんてほとんどない。例えば、同じ量のインフルエンザウイルスを100人に吸わせたら、100人が全く同じ症状を起こすなんてことはまずない。何の症状もない人、鼻水だけの人、クシャミだけの人、熱を出して寝込む人、関節が痛くなる人など様々なのが普通だ。だからインフルエンザウイルスによる被害はないなどと言えるわけはない。虫歯や歯周病、ガンや心臓病どれでも同じだ。ほぼ同じ症状になるというと強い放射線か強い毒物くらいだろう。
N：「低周波音はどこにでも存在します。日常の中にあふれており、バスのエンジン音、水が滝つぼに落ちる音、虫の鳴き声などもそうです。だから風力発電機による低周波音は心配するようなものではありません」という専門家もいるようだけれども。
T：それは、「騒音はどこにでも存在します。日常の中にあふれており、バスのエンジン音、水が滝つぼに落ちる音、虫の鳴き声などもそうです。だから風力発電機や航空機による騒音も心配するようなものではありません」と言っているのと同じだ。あるいは「紫外線はどこにでも存在します。日常の中にあふれており、蛍光灯、テレビ、携帯電話も出しています。だから夏の晴れた日中の紫外線も心配するようなものではありません」と言っているのと同じだ。風力発電機による騒音や低周波音はどこにでもある騒音や低周波音に比べ桁違いに大きく、いつはじまっていつ終わるかわからないので世界中で被害が出て大問題になっているんだ。
N：低周波音は人間には聞こえない。聞こえないから被害など有り得ない。という音響学の専門家もいるよ（落合、松阪市 2009）。

T：低周波音は鼓膜で知覚しにくくても内耳器官が共鳴し、被害を起こしているとの研究結果もある。実際、何らかの病気で鼓膜や聴覚器官を損傷した患者さんに骨伝導といって頭蓋骨の振動で音が聞こえるようにすることや軟骨を振動させて聞こえるようにすることが行われており、聞こえないから被害など有り得ないなどと断言できる根拠は特にない（図16 被害者宅から見た風力発電機）。

N：音響学者や心理学者、投資家は風力発電の健康被害をやけに断定的に否定する人が結構いるのは間違いないよね。お医者さんはどうなんだろう？

T：医者でそう言っている人はあまり知らない。普通に医学を学んだ人ならそんな断定はできないはずだ。Vibroacoustic diseases 振動音響病（Mariana & Nuno 2007）、Chronic sound trauma 慢性騒音外傷（Chantal Gueniot 2006）、Wind Turbine Syndrome. 風力発電機症候群（Nina Pierpont. 2009）などの病名が付けられており、いずれも原因として単なる騒音だけではなく、特に低周波音、超低周波音に注目し、低周波音によって内耳はじめ色々な内臓機関が共鳴、振動して、平衡感覚受容器のバランスを乱して様々な症状を引き起こしていることが考えられている。ポルトガル、ルゾフォナ大学のマリアナ教授は、振動音響病による心膜の肥厚、内耳や気管支の繊毛や微絨毛の切断などを報告しており、遅発性のてんかんや発ガンの原因となっている可能性も指摘している（Mariana & Nuno 2007）。「風力発電機騒音国際学会」と「低周波騒音国際学会」は隔年で開催されている。低周波音は内耳に損傷を起こし、聴覚障害を起こす可能性が高いことがわかった(K.Kugler ら 2014)。ミュンヘン大学のドレクルス博士は「風力発電機の近くに住む人たちが訴えているような症状、例えば睡眠障害、聴覚異常、高血圧などのいくつかを説明づけるのに役立つのではないか」と述べ、低周波音は、たいていの場合、人間の耳には聞こえないから、「周波数が低くなればなるほど人の耳には聞こえにくくなり、周波数が極めて低いときには全く聞こえないということもあるのです。「聞こえないのだから問題はないと考える人もいますが、意識の中に入ってきていなくても実際に耳には入ってきているのです」と述べている（Camilla Turner 2014）。それに、家の部屋や戸や置物が風力発電機で共鳴振動し、それによる騒音もあるのに、人体だけが何の被害もない、共鳴振動を気にするなどとは、普通は言えないはずだ。

N：当然といえば当然だよね。

T：風力発電はそういった被害を無視してでも建設しなければならないほど重要なものなんだろうか。

10. 風力発電の自然への影響

N：風力発電の自然への影響というとバードストライクがあるね。これはどうなんだろう（図17 バードストライク）。

T：それも深刻だ。アメリカのカリフォルニア州アルタモントパ

図16　被害者宅から見た風力発電機（伊賀市上阿波）

スでは５３００基の風力発電機があり、１９８０年代からバードストライク防止のため様々な研究が続けられているが、効果はあまりなく年間イヌワシが75～１１６羽、アカオノスリが２０９～３００羽、その他の猛禽類が８８０～１３３０羽死亡し、23年間で2万羽以上が死亡した（Hunt et al. 1999, Hunt 2001）（Smallwood KS and Thelander CG. 2004）。

コウモリは近づいただけで大量死している。アメリカのアパラチア山脈での調査では、２００５年の64基の風力発電所での調査で6週間に約２０００頭のコウモリが衝突死したと推定され、大量死がこのまま続くと個体群への影響が懸念されるとしている（GAO 2005）。風車のまわりで死んでいる動物の約6割がコウモリで、目立った外傷もなかったことから２００７年にカナダのカルガリー大学のエリン・ベアウォルド氏ら13人からなる研究者チームが１８８匹の死んだコウモリを回収し原因を調査してみると、肺の中の血管が破裂し、血液が肺の中に充満していた。その原因は気圧の急激な低下に遭遇したためではないかとしている。ブレードが回転するときに、直径１ｍほどの気圧の低い領域ができ、この領域にコウモリが入ると肺が膨張し、血管が破裂するようだ。アレゲーニー山脈にあるバックボーン山のマウンテニア風力エネルギー・センター（Mountaineer Wind Energy Center）では２００３年、風車によって命を落とす鳥を調べていた生物学者が、４００匹近くのシモフリアカコウモリとアカコウモリが死んでいるのを発見し。アメリ

図17　バードストライク
（特別天然記念物オジロワシ、浜中ウンドファーム、撮影：高田令子）

カ、ウェストバージニア州トーマス近郊のセンター周辺だけで、年間１４００〜４０００匹のコウモリが死んでいると結論づけられた。そして、風力発電機周辺では鳥類の生息数が激減している。私も青山高原での調査を論文にまとめ、２００７年以来ほぼ毎年日本鳥学会で発表しているが（武田 2007〜2014）、野鳥の生息密度は繁殖期は１／４、越冬期は１／20にまで減少しており、風力発電機から約８００ｍ離れたところでも１／２に減少していた（ただし中型の７５０kw機）。故障して止まったままの風力発電機周辺より、稼働中の風力発電機周辺のほうが野鳥は非常に少ないので、野鳥激減の主な原因は周辺の広大な自然破壊よりは風力発電機の稼働にあると考えられた。また、11年たっても、風力発電機周辺の生息密度は増えておらず、野鳥の多くは風力発電機に順応していないと考えられた。世界的にも非常に多くの論文が出されている。しかし、青山高原ウインドファームの増設の環境アセスメントでは、「点と線の開発であり、希少生物は速やかに周辺に移動する。自然環境への影響は軽微だ」と言っている（図18、図19 事業者の言う点と線の実態）（図20 減少した鳥類）。

N：希少生物は開発しても移動するから影響はない？　自然環境への影響は軽微？　それならどんな開発でも影響は軽微ってことになるよね。それが環境アセスメントの実態なのかい？

T：この環境アセスメントには県知事、市長、市民から多くの意見が寄せられたんだが、知事意見など30以上を無視したんだ。そもそも環境アセスメントは方法書で方法を決めて、準備書で準備して、評価書で評価して、後調査でチェックするものだ。ところがこの事業者は、方法書提出前に調査を全て終えていて、その後何を指摘されようと、どんな意見を言われようとほとんど変えず、出された意見に基づく再調査など不可能な短期間に準備書、評価書を次々に出して手続きを終えてしまった。し

図18　事業者の言う点

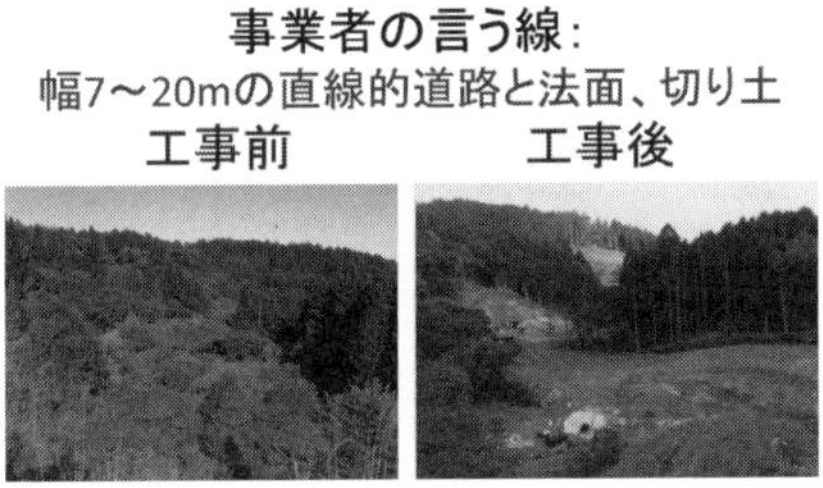

図19　事業者の言う線

かもそれをマスコミにも「営利が目的の民間企業だから当然のことです」と平然と認めている。
N：それでも通るの？
T：県も県の審議会も、「環境アセスメントはあくまで事業者が自主的に行うもので、県は強制できない。アドバイスしかできない」として一切不問に伏した。日本の環境アセスメントというのは、そういう制度なんだよ。
T：それに景観の影響も非常に大きい、従来の景観法や景観条例では建造物の高さは周辺の森林の樹冠を越えないこと、山の稜線を越えないこと、スカイラインを分断しないことなどとされていたが、それを遙かに超えている（図21ス

		4工区	3工区	2工区	1工区	5工区	合計
破壊された部分	延長	490m	1410m	1270m	1360m	630m	5160m
	幅(平均)	7m	7m	7m	7m	7m	7m
	面積	3,430㎡	9,870㎡	8,890㎡	9,520㎡	4,410㎡	36,120㎡
	種名						
171	アオバト		1				1
400	ホトトギス	1	1	1	1	1	5
404	カッコウ	1			1		2
409	ヨタカ	1	4	2	1		8
700	ハチクマ					2	2
706	トビ				1		1
735	オオタカ	1				1	2
741	ノスリ		1	1	1	1	4
754	クマタカ		1	1			2
781	フクロウ	1					1
844	コゲラ	1	2	1		1	5
876	アオゲラ		1	1		1	3
919	サンショウクイ		1				1
945	モズ	1	1	1	1	1	5
963	カケス	1				1	2
985	ハシボソガラス	1					1
1009	ヤマガラ	2				1	3
1019	ヒガラ	1	4	4	6	1	16
1023	シジュウカラ	1				1	2
1061	ヒヨドリ	2	3	3			8
1092	ウグイス	3	5	6	6	3	23
1100	ヤブサメ	1					1
1103	エナガ	1	1	2	1	1	6
1129	センダイムシクイ	1			1		2
1142	メジロ	1	4	4	2	1	12
1234	クロツグミ	1		3			4
1314	キビタキ	2	3	4	2		11
1320	オオルリ			2	1		3
1358	キセキレイ				1		1
1433	イカル		1	1	1		3
1457	ホオジロ	1	2	4	2	1	10
	種類数	21	17	17	16	15	31
	テリトリー数	26	36	41	29	16	150
	推定成鳥個体数	60	80	96	66	44	346

実際の鳥類への影響

- 6.5%の工事が行われた段階
  （2014/7/21現在）
- 31種、
- 150テリトリー、
- 推計成鳥個体数約350

  消滅。

図20　実際の鳥類への影響

図21　国定公園のスカイラインを越える風車（青山高原）

カイラインを越える風力発電機)。それでも「自然と調和したよい景観だ。景観の感覚は個人差があるからいいのだ」と環境アセスでは述べている。

N：この景観に違和感のない人っているんだろうか?

T：うまくいっていると言われているヨーロッパでも、景観の問題を避けるために洋上風力発電所は沿岸から40㎞以上離れた場所に造られるようになっている(岩本 2012)。

N：環境に配慮するための権威ある制度のような印象があるけど、そうじゃないんだね。

T：「希少な種類は速やかに周辺に移動するから影響は軽微」、「移植するから影響は軽微」、「必要性が指摘された調査は完成後に行えばよい」などおかしなものが多かったが、県は「概ね妥当」とした。

N：それでいいんだったらどんな開発でも押し通せるんじゃないの? 環境アセスメントってその程度のものだったんだね。

T：ほとんどの企業や自治体は「あくまで自主的に」とはいっても、意見があれば、特に知事意見となると聞くのが普通で、ある程度は機能していたはずだ。ところが電力会社関係は平然と無視するようだ。

N：さすがに地域独占国策企業は違うなあ。

T：重要な意見はほとんど無視したにもかかわらず、「県に認められた。偉い先生方に認めてもらった開発だ」と平然と言い続けている。

N：認められたんじゃなくて、意見を無視しただけなのに? ほとんど詐欺じゃないか。

T：環境アセスメントというのはそういう制度にすぎないということがよくわかる、たいへんわかりやすい事例だね。

11. 小型風力発電機

N：そういえば小型の風力発電機があるね。これなら騒音や低周波音もさほどではないのでは？（図22）

T：結構うるさくて、高い音つまり高周波音を出している。ただ、中型や大型の風力発電機の騒音よりは格段に小さいのは確かだ。問題は何のために発電するのか？　だ。

N：発電量が小さいなら家庭用とか、自家用かな？

T：しかし、電気が必要な時に風が吹くとは限らないから、どうしても蓄電池と併用しないと役にたたない。風速の変化に連れて、洗濯機の回転が速くなったり、遅くなったり、冷蔵庫が冷えたり、冷えなかったり、照明が暗くなったり明るくなったりではやってられないからね。

N：確か、小型蓄電池はまだまだ高いんだよね。

T：大型蓄電池もだ。それに太陽光よりかなり発電量の変化が激しいから、インバーターや発電機自体などの寿命もそれだけ短くなるとみないといけない。

N：固定買取価格は（55円、20年　2014年度）とかなり高いから、風が強い時は節電になって、売電もできて儲かるのでは？（20kw以上の中型以上の風力発電機は22円、10kw未満の小規模太陽光は37円）

T：小型風力発電機は発電量が小さいし、発電機自体も蓄電池も値段が高く、機器の寿命も長くない上、故障も多いから、元をとるまでは中々いかないという話もある。そのためか、家庭用や事業所用に導入するところは少ないようだ。外灯や標識の照明用に使われているのは時々みかけるが、多くは「値段も維持管理費も高いが再生可能エネルギーの啓発のためにつけた」と言っている。

N：啓発と言われても、有効に使えないものじゃしょうがないじゃないか。

T：まったくだ。いったい何を啓発するんだろうか。

図22 小型風力発電機

N：そういえば、茨城県のつくば市では大問題になってたね。「２００５年つくば市市内の小中学校19校に23基の小型風力発電機を設置したが、風が弱くほとんど回らないので、つくば市は早稲田大学とメーカーに約3億円の損害賠償を求め提訴、２０１１年6月12日に最高裁は早大に約８９５８万円の支払いを命じた東京高等裁判所の二審判決を支持した」「提出したデータ通りの発電量が得られないことや、発電機の消費電力が発電量を上回ることを知りながら、市に説明しなかった。1審では７：３で早大の過失が大きいとされたが、2審、3審では市の事業推進におけるずさんさを厳しく批判し３：７と逆転した」ということだ。

T：石川憲二氏は「補助金をもらえそうなので、乗り気で計画を立てました。→乗り気なのはわかっていたので、お尻を押すようなデータを出しました。→風車を設置しましたが、予測通りの風が吹きません。→設計上の計算が不十分なせいかいくつか壊れてしまったし、できれば計画の失敗も隠したいので、早急に撤去しました」ということだったのであろうと分析している（石川 2010）。

N：これほど杜撰とは呆れちゃうね。

T：この「補助金をもらえそうなので、乗り気で計画を立てました。↓乗り気なのはわかっていたので、お尻を押すようなデータを出しました」は風力発電計画全般に言えることだね。

12. レンズ風車

N：レンズ風車という効率的な風力発電機もあるらしいけど？（図23）

T：これは九州大学で開発されたもので、風力発電機の羽根の前にメガホン型のつば付きデフューザというものを取り付け、風を集めることで、羽根に当たる風速を1・4倍にできるらしい（大屋ら 2002）。しかし、デフューザは結構重いし、風速が一定になるわけではないから、風力発電の発電の不安定さを根本的に補えるようなものではない。

N：なるほど。

図23　レンズ風力発電機

T：九州大学のHPをよくみてみると、風力発電所の電気を電力系統に入れようというのではなく、水素製造に使って燃料電池に使おうということらしい。これまで話してきたように、風力発電所からの電気は電力系統で有効に使うのは無理があるから、極めて理論的な話ではある。原発1基分の発電とか言っている政党もあるけれども、単なる試算を真に受けすぎだ。もっとも、燃料電池は広く普及しそうにはないが。

13．アメリカ議会での議論

T：アメリカでの最近の議論を紹介しよう。「2012年12月、風力発電への補助金を来年以降継続するかどうかの議会での審議」だ。

風力発電のコストは天然ガスの3倍だ。今までは、周辺整備費用、送電費用の大部分を除外して不正な計算をしていた。具体的にいうと、風力発電機建設のためには風力発電機本体だけではなく、周辺整備事業や送電線の新設などの費用が当然必要になるが、今まではそれらをほとんど入れずに風力発電機がいかにも安く建設できるかのようにみせ、安価な発電施設であるかのごとく偽装していた。また、不安定な風力発電を補うために、火力発電所の待機が必要で、低出力で稼働し続ける費用が必要になる。今年は風力に計85億ドル（8075億円）も余計に税金を払った。補助金や送電コストを入れるともっと増える。

これに対して風力発電業界は「補助金を延長してほしい、その上で6年かけて徐々に廃止する」と提案した。しかし、「とんでもない。今後6年間、さらに500億ドル（5兆円）も税金を使うというのか。これは白昼堂々、目抜き通りで銀行強盗するくらい厚顔無恥な提案だ（ラマール・アレクサンダー上院議員・テネシー州選出）」などと激しく非難され、「10年以上かけても独り立ちできない風力発電技術に血税を投じることを正当化することは難しい」とされた。結局2013年1月17日にオバマ大統領の裁定で1年間だけ補助金を延長することになった（Christopher H. 2012）。

N：こんなことがあるのに、アメリカやヨーロッパでは風力発電がますます盛んになっているという報道が多いのは気になるよね。

14. 結局風力発電は？

T：石川氏はその著書で「検証を通してわかるのは、やはり風力発電は決して化石燃料を代替する期待のエースにはなれないという厳然たる事実だ。もともとそれほど大きな出力のプラントをつくれるものではないし、風況が安定した地域も限られる。特に日本のような山がちな国では建設地は非常に限られる。したがって、火力や原子力に取って代わる存在だとは考えないほうがいい。しかし、コスト面では比較的有利であり、しかも設備のメンテナンスが楽だというメリットを考えたら、特定の地区や特定の目的のための独立した電力ネットワークを築くには最適な電源のひとつである。それだけに、「なんとなく環境によさそうなのでつくってみました」ではなく、最初に「なんのために、なぜ風力発電所を建てるのか」という目的を明確にし、厳密な調査によって平均以上の発電効率が望めるのであれば、十分に建設の価値はあるだろう。風況に大きく左右される風力発電は、太陽光以上に個性的なエネルギーである。それだけにその個性を活かした適材適所が強く求められるのである」とまとめている（石川 2010）。

N：目的を明確に？　個性を活かした適材適所というのは？

T：どちらも今のところないと思うよ。

N：結局のところ、これだけ問題があるのになぜ風力発電は進められるんだろうね。

T：どうも目的は発電ではなさそうだ。メガソーラーの場合1haで300kw程度だが、風力発電機なら1haで2000～3000kw機を1基、発電効率を無視すれば2基建てられる。滅多に出せない最大出力を定格出力と言っているわけで、「これだけ自然エネルギーを増やしました」という数字のトリックには使いやすいからだろう。

N：なるほど、だから様々な問題点はそのままなのに、とにかく建てろ。何でもいいから建てろ。今こそ風力だ。と関係者は声高に叫び続けるのか。

T：それから、繰り返し言っているように、超低利融資、税制優遇、高い固定買取価格、イメージ戦略などのメリットがあるからだろう。

N：結局のところ、発電そのものが大事っていうわけじゃないんだ。

Ⅳ 太陽光発電の罠

1．メガソーラー

N：太陽光発電、特に発電量が大きなメガソーラーはどうなんだろう？（図24）

T：問題は、夜間と曇や雨の日だ。特に雷雨や厚い雲があるときは発電できない。

N：日本は広いから、どこかで晴れているんじゃないの？

T：ところが日本は世界的に見ても雨の多い気候で、梅雨時と真夏以外はだいたい3～5日ごとに前線を伴った低気圧と、移動性高気圧が交互に通過する気候なんだ。その前線のカーブと日本列島のカーブが似ているので、ほぼ全国一斉に晴れて、全国一斉に雨が降る。特に梅雨時は太陽光発電を付けた家はどこも自家消費量すら発電できないと言っているよ。

N：それでも風力発電よりはましなのかな？

T：確かに真夏の電力需要のピーク時には使えるかもしれない。しかし、曇、雨、雪、黄砂、霧、露、霜、スギ花粉、ホコリのどれもが発電量を減らしてしまう。

図24　メガソーラー

2. 原発を止めるために自宅に太陽光発電をつけるべきか？

N：原発を止めるためには、自宅に太陽光発電をつけて発電に貢献するべきっていう考え方はあるよね（図25 居宅の太陽光発電）。

T：そういう考えの人は最近多い。しかし、あまり期待しないほうがよさそうだ。

N：どうして？

T：一般家庭が1日に使う電力は約40kwだが、普通の数両編成の電車の発車に必要な電力は約８００kwだ。電車は摩擦係数が少ないので、最初に加速すれば上り坂でなければ後はほとんど転がって行く、だから、20軒が１日電気の使用を止めた電力で、電車は隣の駅くらいまでは行ける。上り坂だと無理だ。この８００kwという電力は例えば東芝の半導体工場などだと、０・００何秒で消費してしまう。だから、今のところ、一般家庭が太陽光パネルをつける場合は、原発の代わりとまでは期待せずに、自分にとって損か得かだけを考えたほうがいいだろう。

N：ふうん、イメージと現実はだいぶ違うんだなあ。

図25 居宅の太陽光発電

3. 自宅の太陽光発電は儲かる?

N：原発を止めるまでは無理なんだね。じゃあ、家庭で太陽光発電を着けるメリットはなんなのかな?

T：晴れてさえいれば使えるから、風力発電よりは発電するだろう。

N：風力発電よりはましってこと?

T：メガソーラーのように大規模に造って電力系統に入れるのはやはり問題になっているけれど、自家消費用の足しにはなると思う。

N：そして売電もできると。

T：ところが、快晴で、自分の家で電気を使っていない時に全部売れるかというと全く売れないこともある。

N：それはどうして? 電力会社の陰謀かな?(笑)

T：そうではなく、電気は電圧の低いほうから高いほうには送れない。例えば、川に用水路の水を流すときに、川のほうが水位が高ければ流せないのと同じだ。家の周辺であまり電気を使っていなくて、電圧が高いとそもそも電気が送れないから、売電できない。その場合モニターに「電圧上昇抑制機能が働きました」と表示され、家の周辺の電力系統の電圧が高いことがわかる。

N：つまり、カンカン照りの休日に1日留守にしていても、屋根で発電した電気は全く売れないってこと?

T：そういうことが起こりうる。自宅が、発電所や変電所に近かったり、近くの大工場が休んでいたりするとそうなる可能性があるらしい。けど、どの業者もなかなかそうしたデメリットは説明しないらしい。

N：地図を見て確かめないといけないんだね。

T：それが、発電所や変電所に近い家が、送電網の中でも近いとは限らないらしい。発電所の隣なのに、電気は数十キロ先の変電所から来ているという場合もある。

N：そりゃ困るね。判断のしようがないじゃない。

T：さらに、たとえばご近所がみんな太陽光発電をはじめた場合。詳しく言うと、同じトランス（電柱の上に乗っている箱のような物）から電線がつながっている家が全部太陽光発電をはじめたら、余った電気はどこに売れないということも起こりうる。

N：どうして？

T：自宅周辺の電圧が同じになってしまうからだ。

N：じゃあ、どこかの総理大臣が言っていた、どの家にも太陽光発電パネルをつけよう、などという計画なんてあんまり意味がないんじゃないか？

T：売電で儲けようとするとそうなる。

N：ということは、せっかく太陽光発電パネルをつけてもそれほど儲からないこともあるわけだよね。けど、採算は合うという業者は多いよね。長い目でみれば儲かるのかな？

T：故障がなくて、電圧が高くない場所にあって、ご近所で太陽光発電が増えなければ、ということになるだろう。
N：十数年で元がとれ、あとは収入になるという説明を受けたことがあるけれど。
T：それは少々甘い試算だと思うよ。機器の寿命というものもあるから。
N：太陽光発電パネルの寿命は20～30年、いや半永久的にもつという業者もいるけどね。
T：パネル自体はもったとしても、インバーターやパワーコンディショナーという付属設備の寿命は10年かそれ以下だとされている。1年で故障した例も多い。
N：そんな説明はなかったな……。
T：10年以内に元がとれるような計算で設置しないと、ハイブリッド車と同じで結局損をすることもあるかもしれない。
T：発電量測定会社NTTスマイルエナジーによれば、真夏の7～8月には高温や落雷でパワーコンディショナーが故障する例があり、8月には5・1％に達した。一方で、故障がすぐにわかる遠隔監視装置の設置は2割に止まっている、ということだ（朝日新聞 2014）。
N：肝心の真夏に故障が多いのか。

4．太陽光発電で発電した電気をいつ使うか？

T：もうひとつの問題は、オフィスや工場と違って、家庭で電気を使うのは夜、つまり太陽光がない時間帯のほうが圧倒的に多いということだ、特に共働きの家庭ではそうだ。

N：考えてみれば当たり前だね。

T：それに、梅雨時とか、雨や雪の日、つまり外出を控えているような日は、太陽光が弱いということもある。

N：それも考えてみればその通りだ。

T：自宅の太陽光発電で自宅の電気をまかなおうとすると、昼間は家にいて、夜働くとか、雨や雪などの悪天候の日は外出して、晴の日は家で過ごすとか、生活の大転換をする必要がある。

N：それはかなり不自然だよね。

T：太陽光を活用するというよりは、太陽光に使われる生活になる。

N：太陽光で作った電気を蓄電池に貯めておいて、夜に使えればいいのかな？

T：自宅用程度大きさの蓄電池は、諸々合わせて数百万円とまだかなり高い。放電も大きいから益々元がとれない投資になるようだ。

5．家庭用太陽光発電のトラブル

N：どうも太陽光発電はいいことばかりじゃなさそうだな。

T：更に、最近増えているトラブルに雨漏りもある。

N：雨漏りねえ……。

T：施工業者の知識不足で屋根に穴を開けて太陽光パネルを取り付けて、その穴から徐々に雨水がしみこんで、数年後に腐食して、漏れてくる例が多いようだ。
N：すぐにはわからないのか。それは困るなあ。
T：それから、梅雨時に使えないというのは当然として、雪が積もったり、霜や露が降りたり、黄砂やスギ花粉が積もっても発電できなくなる。
N：雪かきや拭き掃除をマメにする必要があるわけだ。
T：それが、事業者の多くは必要ないと言うんだ。
N：へえ、どうして？
T：実際屋根に登って作業するのは危険だというのが大きいようだ。1990年頃の太陽光発電ブームの時は、やはり汚れで発電効率が落ちることが中止の大きな要因になった。
N：確かに、車のガラスや家の窓ガラスも時々拭かないといけないのに、太陽光パネルだって拭かなくていいはずはないな。窓ガラスと違って斜めに置いてあるし。
T：ワイパーやスプリンクラーを付けた例もないようだ。
N：じゃあどうやって屋根の太陽光パネルを拭くんだ？
T：拭くことは想定しておらず、雨や風だけが頼りらしい。

6．ソーラーブームは終わる？

N：2013年11月11日の日経オンラインビジネスに「太陽光発電2015年危機は本当か？　2つ

の優遇制度同時廃止は痛手大きい」という記事が載っていたね（日経 2013）。引用すると、「２０１２年７月の固定価格買い取り制度導入により、日本の太陽光発電にもようやくかつての勢いが戻ってきた。２０１２年は前年比２倍の２００万kwの新規導入となった。２０１３年にはさらに２・５倍増の５００万kwになる予測である。この通りいけば、年間新規設置容量で、世界２位となりそうだが、１位予想の中国がスローダウンしているため、日本が１位になるとの見方もある」。ずいぶんと順調な増え方らしいね。

T：その主な理由を「固定価格買い取り制度の初年度価格は、大方の予想を大きく上回る税抜き40円（税込みで42円）となった。筆者の周辺では、「30円台後半」を想定してビジネスプランを作っていたから、驚きであり、業者や投資家にとっては『うれしい誤算』であった」。つまり、高額な買取価格のためだと言っている。

「今年度、２０１３年４月から２０１４年３月までの２年目は、産業用の価格は、税抜きで１割削減され36円（税込み37・８円）となった。我々にとっては、初年度の想定価格まで下がっただけなのだが、業者によっては10％の落差を大きいと感じているところもある。そして、最終年度は、「30円台前半」という報道がなされた。同じ「前半」といっても、税抜き34円なら大した低下ではないが、32円なら、２年続けての大きな下げになる。もし、期間中に毎年10％の低下となると、終了後にはさらに大きな下げがあるのではないかと懸念される。それが、「ブームもあと１～２年」という悲観論の根拠のひとつである」とあったが、その予想通り32円となった。

N：つまりその、高い買取価格でないと太陽光発電は増やさないということ？

T：もっと大きな理由として減税を挙げている。引用すると、

「太陽光などの再生可能エネルギーに対する投資を促進する」目的で施行された「グリーン投資減税」。中でも、特に大きな影響を与えてきたのが、「即時一括償却」制度だ。これは、法人または個人（青色申告をしている者）を対象に、太陽光発電などの設備の取得価額の全額を一括して償却できる特別措置である。太陽光発電の場合、普通償却の期間は17年である。例えば、50kwの分譲ソーラーは2800万円程度で販売されているものが多いが、その金額から土地代や保守代などを除いた本体部分はだいたい1700万円前後になる。このような物件を取得した企業や個人の場合、普通の償却（定額法）では、毎年100万円ずつ17年間かけて償却することになる。償却額は、損金として落とせるので、税金（法人税／所得税＋地方税）が減額されることになる。普通償却なら17年間に少しずつだが、グリーン税制による「即時一括償却」を活用すれば、1700万円全額を1年で償却できるので、そのメリットは大きなものになる。仮に、ある個人の課税所得が1700万円だったとすると、本来なら所得税と地方税合わせて合計税額は600万円程度になる。そういう個人投資家が、1700万円を即時償却すれば、課税所得はゼロとなり、従って、税金もゼロになる。太陽光発電に投資することで600万円程度の節税になるのだから、その影響は大きい。もし、この物件購入に当たり、頭金800万円として残りの2000万円をローンで賄ったとすると、頭金800万円の大部分が税金還付の形で戻ってくることになる。結果的に、非常に小さな元手で太陽光発電に参加できることになる。この制度では所得金額が大きい人ほど節税額も大きくなる。「金持ちが益々もうかる仕組み」という批判もあるが、設備投資を促すのに非常に有効な施策であることは間違いない。この制度は、当初2

013年3月で終了する予定であったが、2年延長され、2015年3月となったのである」
　つまり、太陽光発電をするだけで、それとは別に600万円儲かるというわけだ。
N：発電で儲かる上に、減税でも大儲け。すごいな、増えるわけだ。太陽光発電が増えるのはいいことだと思うけれども、金持ちほど儲けが大きくなるというのはやっぱりどうかと思うなあ。
T：さらに消費税増税もあって、このままでは太陽光発電は増えなくなると危機感を募らせている。しかし、問題は、一体何のために太陽光発電を、電気料金を上げて、莫大な減税をしてまで、増やすのかだ。
N：元々は、太陽光発電で発電する分、火力発電を減らして、化石燃料の消費を減らして、CO_2排出量を減らして、地球温暖化防止の役に立てるためのはずだよね。だけどここまで話を聞いてきて、その役には全くたたないのに、単に太陽光発電を増やすことだけが目的になっていることになるよね。肝腎のCO_2削減にはなんの役にもたたないんだ。
T：要するに、手厚い優遇制度がないと太陽光発電はできないから、今後も優遇措置を続けないと増えなくなる。これは大変だ。優遇措置を続けろ。ということだ。さんざん言ってきたように、単に太陽光発電を増やしても現状では解列されるか、揚水発電所の稼働が増えるか、バックアップ用の火力発電所ができた場合は火力発電所が余分に増えるだけになる。
　2014年6月13日の日経ビジネスによれば、「この2年で2兆円規模に拡大した太陽電池市場。『太陽電池バブル』とまで言われたブームは静かな終焉を迎える。メガソーラー投資は打ち止め、〝ブローカー案件〟とも言われた未着工計画も一掃される。『メガソーラー事業は打ち止め。再生可能エネルギー事業は続けるが、これからは風力やバイオマス、地熱に切り替えていく』。大林組でエネルギー事業を統括する蓮輪賢治常務はこう打ち明ける。大林組は、固定価格買取制度の初日に当たる2012年7月1日にメガソーラーを稼働させたほど、メガソーラー建設に入れ込んできた。矢継ぎ早に建設計画を進め、既に全国23カ所でメガソーラー設置を決定済み。続々と完成を迎えている。その大林組が早々とメガソーラーに見切りをつけたのだ」ということだ（日経ビジネス 2014）。

N：つまり、儲からなくなったからやめるっていうことか。固定買取制度がなくなっても自立できるような努力はしてこなかったわけだ。

T：もともと地球環境のために役立てるんだ、将来的に自立してやっていくんだという発想はなかったんだと思う。儲かるから手を出したということだろう。しかも腹立たしいのは、今後20年、我々消費者が再エネ賦課金でこうした業者を儲けさせ続けないといけない制度だということだ。

N：結局、太陽光発電はどうなるのかな？

T：2015年度からは固定買取価格が下げられるとのことだから、少なくとも新設はなくなりそうだな。結局、CO_2排出削減には貢献せず、コスト削減も、大きな技術革新もないままで太陽光バブルは終わることになるようだ。

N：何だかむなしいな。期待させておいて。

T：いや再エネ特措法をよく読めば、電力系統の誤差の範囲以上には増やさないつもりなのはよくわかる。2014年10月の5電力会社の再エネ買取中止もこの法律第四条と六条にに明記されていることを実行しただけのことだ（朝日新聞など 2014）。やはり原発再稼働のための人気とりに過ぎなかったということだろうな。再エネを主力にする政策意図などまったくないことがよくわかる。

N：太陽光発電や風力発電を進める分には原発推進の邪魔にはならないと考えていたのかな？

T：それにしてはあまりにもお粗末だから、単に欧米の後追いを続けてきたと考えたほうがよさそうだ。

V

自然エネルギーの現状と未来

1. だぶつく自然エネルギー資材

N：太陽光発電は、設置の補助金と、高価な買取価格があるうちに設置しないとますます損になるっていうことだよね。

T：確かに、今後どちらも下がっていくだろう。

N：そういえば、太陽光発電の設置許可を得たのになかなか建設しない業者が多いと問題になっていたけど、どうしてだろう。補助金と買取価格が高いうちに設置しないと損になるわけでしょう。

T：太陽光パネルの値段が今後数年で半額以下になる可能性があるから、それからつけたほうが、補助金や買取価格が下げられていてもそれを上回る利益が見込めるということのようだ。

N：技術の進歩で量産が進むから？

T：技術の進歩への期待も当然ある。ただ、業者のねらいは欧米でエネルギー資材がだぶついていることだ。少し前までは欧米でも太陽光発電や風力発電が盛んだった。ところがスペインやドイツではそれが財政を圧迫して、費用の割りに発電量が少ないということで、補助金も固定買取価格も下げられている。そのために新設が急激に減って、資材が売れなくなり、倒産した大手業者もある。そうなると、だぶついた資材を日本に売ろういうことになる。その結果、かなり値が下がると見込まれている。

風力発電機も同じだ。先にアメリカで業者が議会に補助金を続けてくれれば、今後6年間で徐々に全敗する案を示したり、オランダで洋上風力発電所への補助金削減がされている例を話したように、やはり部品がだぶついて、大手業者が倒産し、残された売り先は日本と中国くらいだということで、大きな値崩れを起こしている。総合商社がビジネスチャンスだと色めき立っているらしい。

N：元々は反原発のために太陽光発電を入れようかと思っていたんだけど、採算性も怪しいうえに問題点も大きい。欧米でも衰退傾向。日本の事業者はといえば、相変わらず目先の利益ばかり。自宅に太陽光発電をつけるべきかどうか、悩んじゃうねえ。

T：つけるなら、自家消費用とか災害で屋根までは壊れなかった時に使うとか、儲からなくてもいいやと割り切っておいたほうがよさそうだね。

2. 欧米の風力発電反対運動

N：田中優さん、飯田哲也さん、山家公雄さん、安田陽さんといった専門家がよく言うのが、欧米、特にデンマークやドイツでは風力発電に反対する人はだれもいないっていうことなんだけれど、実際はどうなんだろう?

T：それはどうも怪しい。ヨーロッパでは「風力発電に反対するヨーロッパプラットフォーム」という国際組織が結成され、21カ国、411団体が加盟している（図26）。そのスローガンはたいへん長いが要約すると、

・不安定でコントロール不能な風力発電からの電気は、環境問題を解決できない。
・風力発電は、地域住民、経済、国家財政、環境に対する大害悪となるだけである。

としている。

このようにCO_2削減の役立っておらず、発電量も少ないので、スマートグリッドなど巨額の投資を行っても、役に立つようになるのかどうか極めて疑問な状態だ。デンマークでも反対運動が起こっており、「Neighbours of Large Wind Turbines（代表Boye Jensen Odsherred）巨大風力発電機の隣人達」という団体が結成され、人口約3000万人の国に反対団体が40もある。「デンマークは長年グリーンエネルギーのモデルとしての役割を果たしてきた、しかし今、風力発電反対に変わる最初の国になりつつある（Andrew 2010）」と言われている。

3．本当の情報の探し方

N：ずいぶん話が違うじゃない。
T：例えば、経済誌、業界誌というのは基本的に景気のいいことしか書かない。政府や企業が喜ぶような、太鼓持ち的な記事しか書かないと思っていいだろう。一見客観的な記事のように見えても、注意深く読んでいくと巧みに問題点を無視したり、避けたり

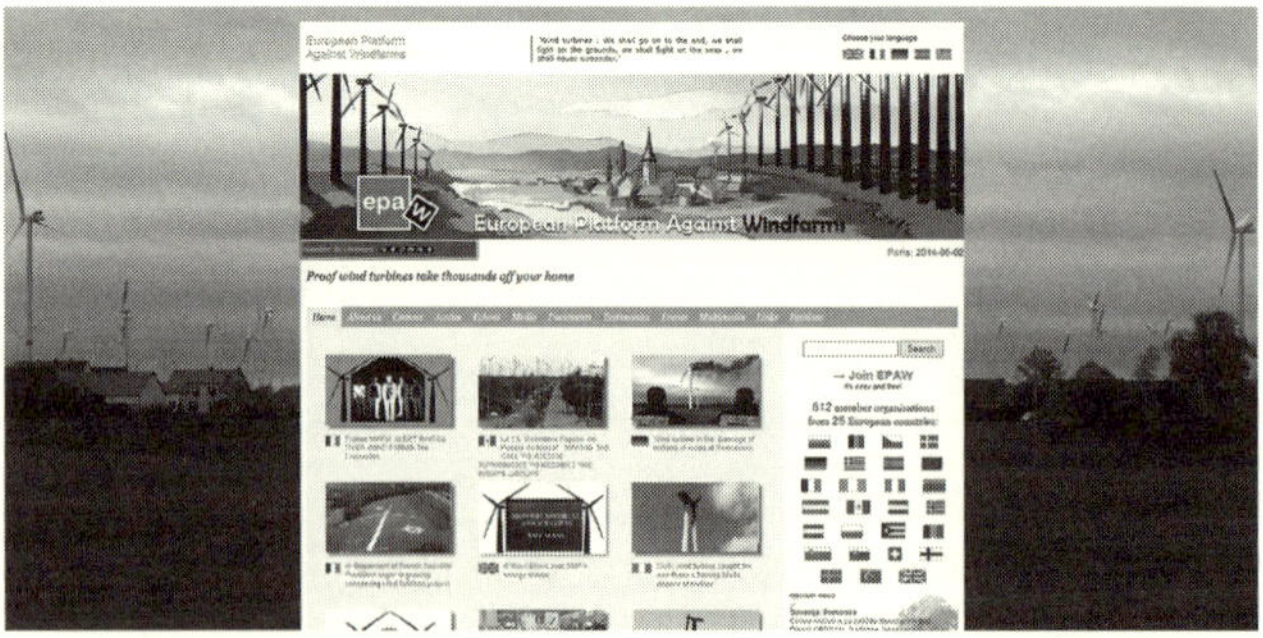

図26　風力発電に反対するヨーロッパプラットフォーム

して、将来性があって有望と締めくくられている。ぼくも三重県の上野新都市開発反対運動の時、ある新聞社の取材を受けたことがあるが、「関西学研都市が不振で悩んでいるのに、この三重県の山の中で成功するわけがない。人口増加と経済成長が永久に続くわけがない。バブルはいずれ崩壊する」とさんざん言ったのに、いざ記事をみてみると「新都市開発に大いに期待すると語った」になっていて驚いたこともある。

N：そうか、しかし専門家でも似たようなことを言う人もいるな。

T：だから、その専門家の立場を考えて読まないといけない。「客観的に、中立的に」などと言ってはいても、自分の専門分野や関連業界の悪い点など書くわけがない。

N：大学教授なら大丈夫かな。

T：そうともいえない。自分の教室の学生の就職先確保、研究費の寄付確保、自分の天下り先の確保など、利権もあるわけだから。

新潟県村上市では市や周辺の町も賛成して洋上風力発電計画を進めている。その事業の代表をしている名古屋大学の洋上風力利用マネージメント寄附研究部門、安田公昭教授の教室は、省庁ＯＢや風力発電業界団体代表、建設会社代表などが客員教授にいて、産学官一体となって洋上風力発電を進めようという部門だ。地元市民や議員の多くは、大学教授だから、洋上風力は発電方法としてよいものだと客観的に研究していると勘違いしているらしいが、そうではなくて、ひたすら洋上風力発電を推進しているというところだ。だから、「洋上風力発電機は灯台と同じだからバードストライクは問題ない。健康被害は一部の人だけだから大丈夫。真冬はメンテナンスは考えていない。観光客が増えて、工事やメンテナンスの仕事も増えて、地域は大いに潤う。風力発電機が魚礁になって魚が増える。養魚場にもできる」などと、ちょっとおかしな発言が多い。
N：一見よさそうな話ばかりだけれども。そうじゃないの？
T：まず、灯台だが、風力発電機のような１００ｍを越える高さの灯台や、巨大な羽根があって回っている灯台なんてあるわけがない。そもそも灯台は数十機も並ぶようなものでもない。バードストライクは問題ないなどという研究は知らない。健康被害は世界的に深刻だ。最も風の強い真冬にメンテナンスできないでどうするんだ。風力発電所で観光客が増えた地域はまだない。風力発電に集客効果は期待できないとされている（斉藤 2013）。地元企業が儲かった例も知らない。メンテナンスを含めて電力会社関連企業だけが利益を得ている例しか知らないな。そもそもメンテナンス業務は原発ほど多くはないが。また、養魚場が洋上風力発電所に実際に建設された例は世界的にない。魚礁についてはフジツボなどの着生生物は確かに増えるようだが、欧米では大型魚類は減ったという報告のほうが多い。
N：なるほど。しかし、大学教授がそんなこと知らないはずはないのでは？
T：つまり、洋上風力発電所の建設だけが目的としか思えない。
N：審議会委員にも大学教授はたくさんいるよね。
T：ある酒の席で、ある大学教授に「先生は多くの審議会の委員長をされていますね。なぜですか」と聞いたことがある。「いやな。実は最初から職員にこうまとめてくれという話を聞いてるんや。どんなに反対意見が出ようと、異論が出ようと、ほどほどのところで、『議論は出尽くしたようですので、委員長の判断で』という決まり文句で一任をとりつけて、最初のシナリオ通りの結論をうまく出してやるんや。そうしたら信用されていくらでも委員長を任してくれる。教授といっても給料は少ないから助かるんや」と言っていた。
N：なるほど……。
T：結局、よくない情報、専門家にとって都合の悪い情報は自分で探すしかないんだ。

4．グリーンパラドックス

T：ドイツでは再エネ賦課金が値上がりしすぎて、ＢＭＷなど多くの企業が国外に移転した。隣国チェコはこれによる電力不足に困り、石炭火力発電所を増設し、CO_2排出を増やし、原発の新設も計画している。
N：ドイツでは成功していると思ったのに、なんでそうなるのかな？
T：悪いことにチェコの石炭火力発電所は、褐炭という質の悪い石炭を使っている。その採掘方法は露天掘りが多いので、自然破壊も問題になっている。
N：褐炭って？
T：褐炭は水分や不純物が多くCO_2排出量も非常に多い。輸送コストがかかるわりに燃料効率も悪い。また、乾燥すると粉末状になり、粉塵爆発や自然発火の危険が生じる、なかなかやっかいな資源だ。
石炭は質のよい物から、無煙炭、亜無煙炭、歴青炭、亜歴青炭、褐炭、泥炭に分類される。無煙炭は炭素含有量が90%以上で、ほとんど煤煙が出ない。ロンドンの地下鉄が当初蒸気機関車で運営できたのもそのおかげだ。質が落ちる石炭ほど炭素以外の不純物が多い、日本の蒸気機関車は亜歴青炭を主に使っていたから、煤煙がひどく、トンネル内で機関士や乗客が呼吸困難に陥り、失神する事故も起こっていた。褐炭は日本では戦中戦後風呂焚きなどに使っており、昔はぼくの家でも使っていたが薪より燃えにくかった。泥炭はスコッチウイスキーの原料の麦芽の乾燥に他の燃料に混ぜて使ってい るが、不純物の多い煙が多く出るので、麦芽が燻製になって、フェノール系や柑橘系など独特の香りがつく。褐炭、泥炭は、普通は燃料には使わないもので、ピートモスなど園芸材料によく使われている。

N：チェコはどうしてその褐炭を使うのかな？

T：国産資源は歴青炭と褐炭くらいしかない国だから、安いほうを使うということだろう。

N：ただそれだと、ドイツの脱原発が隣国の原発建設を進め、ドイツの自然エネルギーによるCO_2削減が隣国のCO_2排出量を増やしているということにもなるよね。

T：だからグリーンパラドックスと言われている。日本もこのままの自然エネルギーの進め方をすると同じことになるだろう。ドイツの教訓は非常に大きいと思う。

5. 大容量蓄電池

N：大きな蓄電池に自然エネルギーで発電した電気を貯めておいて使うということがよく言われてい

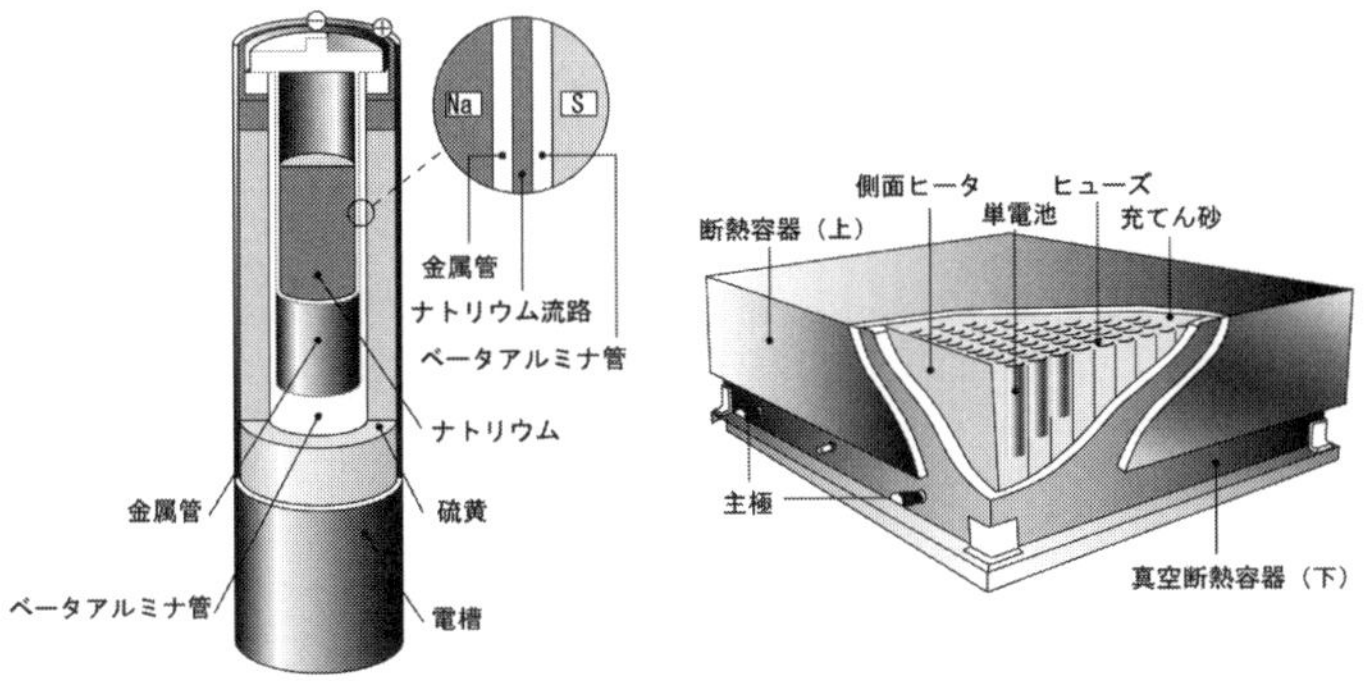

図27　NAS電池

るよね。これは実現しそうなのかな？

T：そもそも大容量の蓄電池はまだない。それに大きな蓄電池に蓄電してあっても1週間程度でかなり放電しているはずだ。

N：放電するというのは？

T：蓄電池というのは、電子を畜める装置ではなくて、変化しやすい化学物質に一時的に置きかえているだけだから、あまり安定はしていない。今のところ、どんな蓄電池でも放っておくと自然に放電してしまう。自動車や携帯電話のバッテリーが使えるのはいつも充電しているからで、長いこと放っておくと使えなくなるだろう。

N：たしか以前、ナトリウム硫黄電池、ＮＡＳ電池（図27）というのが話題になっていたよね。

T：あれは、ナトリウムと硫黄を３００～３５０℃で溶かしておいて蓄電する装置で、確かに大容量、長寿命で、放電が比較的少なくて、最も効率がいいとされている。ただ、３００℃の高温に保つ電力が常に必要になる。ナトリウムは高速増殖炉もんじゅで問題になったように、水分と反応して発火するので扱いが難しい。火災事故が起こっても消火には砂をかけるしかないので、通常の消火設備では消火できないという結構やっかいな代物だ。
N：それは確かにやっかいだねえ。
T：鉛蓄電池やリチウム電池は電源がなくても蓄電できて電気を出せるが、NAS電池は停電すると300℃の温度を維持できないから電気は出せなくなる。肝心の停電時に使うにはNAS電池用の発電機か蓄電池がさらに必要になることになってしまう。それに、容量が2000kw程度で、たくさん設置すれば大容量の蓄電はできるけれども、今のところ1基1~5億円と高価で、費用がバカにならない。ある電力会社の技術者は、「2000kw程度なら、火力発電所のバルブ調整だけでタダで発電できます。誤差の範囲です」と言っていた。

6. キャパシタ（コンデンサ）

N：「キャパシタは大容量の電気を蓄電できる。2層のアルミ箔を挟んだだけの安価で簡単に作れる装置で、これは日本人の発明だ。これを使えばいくらでも蓄電できる。自然エネルギーはいくらでも導入できる。なのに電力会社も政府もウソをついて使おうとしない」と講演でも盛んに言っている専門家がいるよね、これはどうなんだろう。
T：キャパシタとは、この場合は蓄電装置であるコンデンサを大型にしたもので、確かに大容量の電気を貯めてはおける。
N：じゃあ使えるんじゃないか。

T：しかし、電気を出すのは数秒だけだ。
N：数秒？　電力需要のピーク時間、13時から15時までの2時間だけに使うとかはダメなのかな？
T：キャパシタは、機関の起動時とか、一瞬に大量の電気が必要な時に使う装置で、蓄電装置には違いないが、ちょっと違うんだ。数秒で貯めていた電気を一気に使っておしまいになる。
N：有名な専門家なんだけどね……。
T：確かに人気があるらしいが、専門家かどうかはどうもあやしい。そもそもキャパシタの発明者は日本人じゃない、ドイツ人だ。

7．反原発のウソはよいウソか？

N：なぜそんなすぐわかるウソをつくんだろう？
T：最初は反原発運動を潰すためかと疑ったよ。
N：え？　反原発運動の代表的な活動家ということになっているのに？
T：いや、それにしてはあまりにも言うことがおかしい。例えば、「癌になる確率が0・5％上がるということは、0・5％の人が確実に癌になって死ぬということなんです」と平気で言っている。
N：え？　違うの？
T：例えば、降水確率10％というと、10％の場所で確実に雨が降る。というわけではなくて、10中8、9、いや、10中9、雨は降らないという意味なんだ。発癌の確率10％というのもその程度の意味だよ。

それに、癌というのは放射線だけで起こるものではなくて、色々な原因物質や免疫機構の不全などで起こる。また、特にこれといった原因がないのに起こるものも相当多いから、放射性物質が増えようと増えまいと、検診をきちんと受けて、早期発見に努めるしかないと思うよ。しかし、発ガンの危険率が上がるようなものは当然避けるべきだ。特に放射性セシウムなど本来自然にないものは、やはり0にすべきものだ。

N：それから、「コップの水に炭を一カケラ入れて一晩おくだけで放射性物質がほとんどとれる。専門家も使っている方法だ」とも言ってるよね。

T：放射性物質がそんな簡単に除去できるものなら誰も苦労しない。除染なんて簡単に終わっているはずだ。

N：なるほど。確かにそうだよね。

T：だから、反原発運動にかかわっている人々をだまして、反原発運動は無知な人々の集まりにすぎないという世論をつくるために、もっともらしいウソを振りまいているのかとも思ったぐらいだ。

N：そこまでややこしいことするかなあ。本当にそうだろうか？

T：まさかそんなことはないと思うが、どうも実際は知識がないのと、聞きかじりだけできちんと確かめずに、喋りまくる性格だからだけのことらしい。昔1960、70年代にはやった偽医者事件に似ている。

N：偽医者事件というのは？

T：本物の医者は患者さんに病気の原因や治療方法を説明する時、いろんな可能性の説明をして、

「こうすれば必ず治る」などとはなかなか断定しないから、患者さんの評判が悪かった。その点偽医者はそんな説明ができないから、何でも、「私に任せれば治る」、と言うし、後ろめたいぶん愛想はやたらといいから人気が出てしまって、偽医者の医院が大はやりで、隣の本物の医者ところは閑散としていたという話がある。風邪とかチョットしたケガならいいんだが、難しい病気の場合、偽医者はワンパターンの治療しかできないから、死亡事故などが起きてバレてしまう。

N：専門家といわれる人に、わかりにくいことを自信たっぷりに断定されると、信じたくなるんだよね。しかも、断定的に話してくれるから、すごい人気だよね。

T：以前彼の講演会に行って、上記のような間違いを丁寧に指摘したら、主催者はマイクを取り上げようとするし、大声でやじる人が多いしでたいへんだったよ。

N：質問や反対意見は受け付けないということ？

T：「そんな細かい点は反原発の本質には関係ない」と大声でわめいている人もいたな。

N：細かい点かなあ。結構大きな話だと思うんだけれど。

T：原発に反対するなら何を言ってもいいという考えの人も多いようだ。ぼくは「ウソを元に反原発運動をしても、無知な人々の集まりにすぎないと突っ込まれてつぶされてしまうだけだ」と言ったのだが、「私の話に異を唱える人は東京電力に買収されたスパイに違いない」という彼のいつもの話に同調して、やじり続ける人が多かった。

N：よくわからないまま反原発運動をしている人も一部にはいるんだろうね。

T：一部ならいいんだが、これは結構大事なことだと思う。感情論で立場を述べるだけでは、ほんとうの運動にはならないから。

8．エコカーは買うべきか？

N：ところで、今話題のエコカーを買えば、地球温暖化防止に貢献できるし、反原発に役立つという雰囲気もあるよね。買おうかどうしようか迷ってるんだけど。

T：ハイブリッド車とかＥＶ、燃料電池車のことかな？

N：そうそう。トヨタ、ホンダなど大手メーカーはハイブリッド車の開発に熱心で、トヨタは燃料電池車の販売にも踏み切っている、将来性はありそうでしょう。

T：何のためにエコカーを使うのかという目的によるかな。燃費がいいというだけなら、最新のガソリン車やディーゼル車はハイブリッド車とあまり変わらなくなってきている。２０１４年発売のダイハツのミライースという車は35・２㎞／ℓと宣伝している。ホンダのフィットのハイブリッド車で３６・４㎞／ℓだから、スペックだけみるとあまり変わらない。

N：前々から疑問だったんだけど、発表されている燃費というのは信用できるのかな。

T：一応、国交省のＪＣ０８モード燃費というもので、「実際の走行と同様に細かい速度変化で運転するとともに、エンジンが暖まった状態だけでなく、冷えた状態からスタートする測定も行っている」と言ってはいるが、なにせ室内の実験施設での測定だから、実際の走行より燃費がよくなるとの批判はまだ多い。ただし、比較にはできると思う。ぼくが今乗っているガソリン車は宣伝の燃費に近い値だ。渋滞があると燃費が落ち、信号待ちがないと驚くほど燃費は上がる。

9．ＥＶ

Ｎ：ＥＶは燃料費の電気代がガソリンより安いらしいね。
Ｔ：そうらしいが充電時間が急速充電で30分程度、普通充電で6～28時間で満充電になり、１００～２２９km走れる。その電気代はガソリン代より安くなるようだが、自動車本体の値段が高いし、充電できる場所がそう多くない。自宅で急速充電できるようにするには10万円くらい使って工事する必要がある。ということで、販売店も「おすすめはしません」とハッキリ言っているところが多いな。それほど便利なわけではなさそうだ。

10．ハイブリッド車

Ｎ：ハイブリッド車のほうが格段に燃費がいいってわけじゃないんだね。
Ｔ：ホンダフィットのハイブリッド車と13G基本仕様のガソリン車と比較してみよう。２０１４年時点でホンダのＨＰによれば、新車価格はそれぞれ、１６８万円、１３０万円、燃費は36・４km／ℓ、26・０km／ℓとして、差額38万円をガソリン代の差で埋めるには、年間2万km走った場合は10年、１万kmの場合は21・6年、５千kmの場合は43年かかる計算になる。ただしハイブリッド車の場合は、その間バッテリーが故障しなければという条件での話だ。故障すると40万円前後の出費となる。一応バッテリーの寿命は５万㎞とされている。

N：これをみると、かなり使わないと燃費のよさで得をするわけじゃないのか。近所の買い物くらいしか乗らない場合はむしろ損だよね。

T：まあ、車は燃費だけで選ぶわけじゃなくて、機能とか装備とか個人個人で思いがあるだろうから、理由のひとつといったところだろう。

N：とはいっても、ガソリンの消費量を減らす効果はあるんだよね。

T：年間２万㎞走る場合で、１・９ｔくらい、１万㎞で１ｔくらい節約できるが、問題はバッテリーの製造にたぶんそれ以上の石油を使っているということだ。

N：確か、スマートグリッド計画では、電気代が安い時間帯に電気自動車の蓄電池に蓄電して、電気代が高い時間帯に売ると儲かるような社会になるなんていう話だったよ。

T：残念ながら、電気代自体が全体に上がると実際はガソリン車を買うほうが得になってしまうようだ。30年ほど前、石油がリッター10円とか極端に安く、水より安いくらいの時代は、石油から紙を作ろうなんていう話も出た。金属や陶磁器に代わって合成樹脂の時代だ、石油タンパクを作ろうなど、食糧にまでしようという計画まであったけれども、石油ショックで値段が上がると一気に消えてしまった。

11. 燃料電池

N：ところで、燃料電池が広く普及すれば、不安定な自然エネルギーの電気でも水素を造れるんだよね。そうなると発電の不安定さは問題にならなくなるのかな？（図28）

T：燃料電池とは、簡単に言えば水素と酸素を反応させて水を作る過程でできる電気を使おうというもので、今のところ、水素を作るのに必要な電力のほうが大きいから、化石燃料の節約という観点からは意味がないとされている。

N：逆に言えば、水素さえ安く大量に製造できれば使えるっていうこと？

T：燃料電池のもうひとつの問題は、触媒だ。白金が必要なんだが、ご存知の通り高価で希少な金属だ。全世界の自動車全部にはとてもつけられないだろう。それから、水素の保管方法だ。水素は軽い上に引火性や反応性が高い。大量に保管しておくには液化しておくしかないが、そのための容器や冷凍するためのエネルギーが相当に必要になる。

N：燃料電池もまだダメなのか。

T：白金に代わる触媒が開発され、水素の安価な製造方法と安全で安定した保管方法が確立されでもしないかぎり、広く普及するのは難しいだろう。

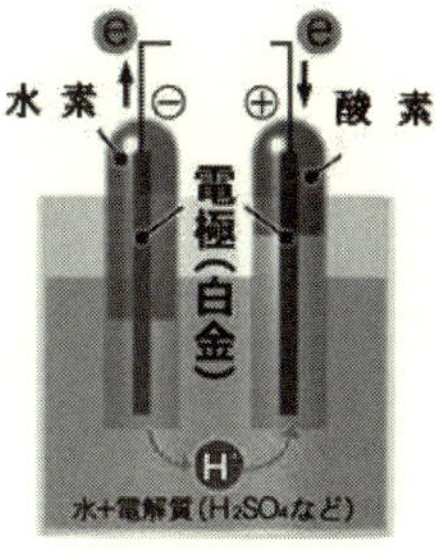

図28　燃料電池

12. 水素社会はくるか?

N：水素は水しか排出しない環境に優しいという点で究極のエネルギーだね。

T：トヨタは燃料電池車MIRAIを2014年12月15日に世界で初めて発売した。2015年1月6日には5680もの関連特許を開放すると発表し、政府も水素ステーションを全国に建設するのを支援をする計画だ。経産省は更に燃料電池を各分野に広げ、水素社会を実現する計画でロードマップも発表した（経産省 2014）。

N：そうなるといよいよ自然エネルギー中心の社会が実現するかな。なにしろ水素は地球上に無限にあるエネルギーだから枯渇の心配がないからね。

T：いや、実は水素単体では地球上にはないと言ってもいい。水とかメタンとか水素の化合物は多いが、それを分解して水素を分離するには電気分解とか高熱とかかなりのエネルギーが必要になる。

N：そうか、でも電気分解するだけなら簡単でしょ。

T：問題はそのための電気をどうするかだな。

N：それも燃料電池ですれば？ おっとそういうわけにはいかないか。燃料電池の燃料を燃料電池で生産するとニワトリが先か卵が先かになってしまう。エネルギーの変換ロスはどうしてもあるから、燃料電池以外の電源はどうしても必要になるのかな？

　ドイツでは風力発電や太陽光発電など再エネから水素を製造して使っているし、日本でも川崎市などでは下水汚泥から発生するメタンガスを集めて水素に分解しようという研究が進んでいる。それなら化石燃料は使わないから大丈夫でしょ？
T：風力発電や太陽光発電の電気で、水を電気分解して、水素を作って、それを発電に使うとすると、発電↓水の電気分解↓水素貯蔵↓輸送↓発電↓使用という6段階を経るので、それぞれにロスが発生して、エネルギー効率はよくても30％以下になると試算されている。屋久島で行われた実験では水素を生産するだけで22％だった。それなら、いきなり蓄電池に充電してそれを輸送するか、送電線で電気を直接送ったほうが効率がいいことになる。
N：そうか、電気を一旦水素に変えようというんだからね。
T：下水汚泥から発生するメタンガスを分解して水素を作るんなら、そのメタンガスを直接使ったほうが早いと思う。
N：そう言われればそうだよね。けど、ドイツでは水素製造が盛んで都市ガスにも混ぜているらしいね。
T：水素は都市ガスの主成分メタンやプロパンに較べると火持ちが悪くて、その上金属を腐食させるから、扱いにくい。メタンで自動車のエンジンは動かせるけど、水素では難しいのはそのせいなんだ。だから混ぜないほうが本当はいいんだよ。
N：じゃあなぜ混ぜているんだろう。
T：ドイツでは、いや世界中どこでもだけれども、燃料電池は世の中であまり使われていないから、再エネで製造した水素の使い道に困っているんだと思う。水素は鉄工所や苛性ソーダの製造過程で副産物として出てくる物を利用しているんだが、量産するとなると天然ガスの主成分メタンを分解したり、石油や石炭を分解して造るほうが水を電気分解するよりも安価らしい。

N：それなら、そのメタンや石油、石炭をそのままエネルギーにしたほうがロスが少ないし、省エネになるような気もするね。

T：全くその通りだ。実は、水素製造で有望視されているのは原発なんだ。

N：えっ、なぜ？

T：水は900℃以上に加熱し、ヨウ素と硫黄を使うと水素と酸素に分解をはじめる。2000℃以上になると自然に分解をはじめる。だから電気を使わなくても水素を製造できるんだ。福島第一原発で起こった水素爆発がそうだな。

N：つまり水素社会の実現には原発が必要になる？

T：もちろん、水素爆発が起きないように、放射性水素が増えないようにかなりの技術革新が必要になるが、もし実現すれば、不可欠なものだと位置づけられる可能性は非常に高いといえそうだな。

N：しかし、原発でできた水素がその辺で使われていたら放射能が心配になるんじゃないの？

T：もちろんそうだ。ただ、原発賛成の自治体、反対の自治体と同じで、水素社会ができあがってしまっていて、多額の税金が投入されて安くなれば、使う人と使わない人がはっきり別れてくるかもしれないな。

N：ところで風力発電や太陽光発電で水素を造って運搬するよりも、蓄電池に蓄電して運搬するほうが効率はよさそうだけれども、実のところ運搬はどっちが楽かな？

T：蓄電池はそのまま持ち運べるが、水素は風船につめたのでは大した量は運べないし危ないから、超高温で圧縮するか、超低温、超高圧で液化するか、水素吸着金属に吸収させるか、有機ケミカルハイドライド法といって、トルエンに反応させてメチルシクロヘキサン（ＭＣＨ）という化学物質に変換させて運ぶかになる。どれにしろ、燃料電池でその水素を使うには、蓄電池のように電線をつなげば終わりというわけにはいかない。特殊な装置が必要だ。

Ｎ：電気を水素に変えて運搬して電気にするメリットってあんまりなさそうに思えるね。

Ｎ：ドイツではガソリンスタンドでも普通に水素を供給できるらしいね。日本では専用の水素ステーションを全国１００カ所を目標に建設しているらしいね。ただ、１カ所で5億円もかかるのはどうかなあ。

Ｔ：爆発に備えて防火壁は厚さ50㎝もあるし、消火用に水を70ｔ（タンクローリー2台分）も貯めてある。しかし、決して過剰防衛ではないと思うよ。水素というのはそれだけの危険物であることは確かだ。

Ｎ：トヨタの説明では、交通事故があっても炭素繊維を使った丈夫なタンクに貯蔵しているから、爆発の心配はないそうだけど？

Ｔ：原発と同じで、本体が壊れなくてもそこにつながっている管が壊れれば無事にはすまない。それに、大量の水素を輸送する車は安全対策がたいへんだ。水素は水素ぜい化といって金属、特にステンレスを腐食させるからよほど注意しなくてはならない。

13. なぜ燃料電池車を進めるのか？

N：そこまで問題があるのになぜ企業と政府は熱心に多額の税金を使ってまで燃料電池車進めているんだろう？　ロードマップまで作って

T：２０１０年の蓄電池のロードマップでは、２０１５年には蓄電池の容量も寿命も大幅に伸びてコストも30円／kwと２０１０年の１／５にまで下がるとしていたが、達成されてはいない（経産省2010）。ロードマップ自体が希望的観測を集めたものとしか思えない。

燃料電池も太陽光や風力発電と同じで、将来性がなくても、補助金がある間はある程度は売れるだろう。いわゆる経済の活性化というのにはなるだろう。それとも、ロクに調べもせずに本気で水素社会が実現できると信じているのかな？

N：どうも補助金とか税金投入というのは、役に立たないものを世の中に広めるためのシステムに聞こえるね、ぞっとするね。

T：過去には、拡大造林というスギ、ヒノキ、カラマツの大植林が行われ、結局材木は売れないので手入れされなくなって、土砂崩れ、野鳥はじめ動植物の激減、スギ花粉症の急増などを招いていている。パイロットファームや大規模な干拓事業などの大農場開発は、ゴルフ場より遙かに大規模な自然破壊だったが、結局農業にはほとんど利用されていない。鉄道建設法による日本の隅々まで鉄道を敷設する計画は、自動車の普及で必要なくなっても着々と進められ、全国に赤字ローカル線を造った。人口減少が進んで、節水も大きく進んだのに、水需要は増えると巨大ダムをまだまだ造り続けている。

などなど、結局莫大なムダに終わった巨大事業の多さにはあらためて驚かされるね。
N：それだけの莫大な費用を本当に必要なことに使っていたら、もっと暮らしやすくなっていただろうね。
T：いっそのこと、その費用を現金で国民に配った方がはるかにましだったかも知れない。
N：このままだと、自然エネルギー、水素社会推進も同じ轍を確実に踏んでいるように思えるよ。
T：結局、燃料電池車は水しか排出しないから地球温暖化防止に貢献しそうだが、燃料の水素の製造と保管に大量の石油を使っている。全体としては石油の節約にはなっていないはずだ。それに、値段が７００万円、補助金をもらって約５００万円で、燃料の水素を補給する場所が今のところ大都市周辺にしかない。もちろん家計には優しくないし、便利でもない。Newsweek の報道「環境大国で花開く究極のエコカー（ドイツ）」によれば、ドイツでは風力発電のコントロールを蓄電池と揚水発電で行っていたが、水素を製造して売れるようになる。しかし、燃料電池車は触媒に使用するプラチナ（白金）が高いので、1台10万ドル（約１１００万円）より安くするのは難しいということだ。
N：じゃあ何のために使うんだろう。
T：排気ガスをあまり出したくない場所で使うにはいいだろう。
N：例えばどんな場所？
T：地下の基地とか坑道の中だろうか。
　ハイブリッド車や燃料電池車を導入したり、導入を検討している自治体や企業は、目的を大気汚染防止とか、高性能車による新たなサービスとか、経費節減とかではなくて、啓発と言っている。

N：政府も導入するらしいね。ただ、この場合の啓発っていうのはどういう意味なんだろう？

T：原発再稼働に向けての単なるイメージアップ作戦だろう。かなり高くつくと思うが。

N：結局、当面は燃費のいいガソリン車が環境にも家計にも最も優しいということかな。

T：そうなるだろう。ただ、自動車というものは燃費だけで選ぶのではなく、個々人の好みが大きいから、それは別の話だけれども。

N：武田さんなら燃料電池車を買う？

T：やめておくよ。水素が石油や天然ガスを大量に消費しないでつくれて、保存できるようになったら考えることにする。単に水素が安くなっただけなら買わない。

14．リニア新幹線には従来の新幹線の19倍の電力が必要

N：リニア新幹線が話題になっているけれど、これにはたいへんな電力が必要になるから、原発再稼働が必要となる。という専門家がいるね（図29）（広瀬 2011）。

図29　リニア新幹線

T：建設するだけでも5兆円以上の莫大な費用がかかる上、さらに電力が必要になる。東海道新幹線N700系であれば、1列車は平均1・7万kw程度だが、リニアの場合は1列車でピーク時に32万kwとされている（伊藤 2014）（安部 2011）。
N：19倍以上だな。原発の再稼働が必要という根拠はそこにあるのか。
T：リニアには超伝導磁石という強力な磁石を使うが、これは絶対零度に近い温度でないと強力な磁力を発揮できない。つまり、路線全体に敷設された超伝導磁石をマイナス269℃に冷やし続けておく必要があって、そのための電力が必要になる。
話は逸れるけど、そもそもリニア新幹線が成功するかどうかは少し疑問がある。

15. リニア新幹線は成功するか？

T：1976年から2003年までコンコルドという超音速旅客機が定期運行されていた。ロンドン、ニューヨーク間を3時間45分、正規運賃184万円で、通常の航空機7時間20分、4～11万円に比べると半分以下の時間で行けた。運賃もあの手この手で12万円くらいにダンピングもされていたようだ。しかし、2003年に廃止されてしまった。
N：すごく速いのにね。
T：コンコルドは通常の航空機の約20倍の燃料が必要で、ただでさえ燃費が悪すぎるのに100人程度しか乗れないこと、超音速飛行に伴うソニックブーンという衝撃波の被害、成層圏を飛行することによるオゾン層破壊への懸念などが理由だったようだ。それに第一、客が少なかった。
N：リニア新幹線は、従来の新幹線より少し高い程度の運賃にするらしいから、客は増えて儲かるのかな。品川から名古屋まで40分、11500円か。のぞみだと1時間半、10360円だ（JR東海の2013年9月18日の発表）。
T：東京、名古屋間ではなくて、東京、大阪間を考えると、羽田空港から伊丹空港まで、飛行機で1時間10分、27890円、東京駅から新大阪駅までのぞみで2時間33分、13620円（2015年1月時点）で、いちばん早いのは飛行機だ。しかし、飛行機の客はそれほど多いわけではないようだ。
N：空港が都心から離れているからかな？
T：確かに離れてはいるが、羽田空港も伊丹、関西空港も都心から20分前後で行けるので、やっぱり速い、しかし、新幹線や高速バスの客のほうが明らかに多い。
　もう一つの例は、大阪、名古屋間だ。大阪、名古屋間を新幹線だと、51分、5840円。近鉄だと2時間5分、4290円。高速バスだと、2時間55分、3000円だ。新幹線が最も速いからみんな新幹線しか乗らないかというとそうでもない。近鉄も高速バスも大盛況だ。
N：速ければいいというだけではなさそうだね。
T：リニア新幹線の途中駅ができる甲府市、飯田市、中津川市などはどこも大騒ぎで、名古屋から先のルートについても途中駅の誘致合戦が盛んで、大発展の起爆剤だと大騒ぎだ。
N：実際に誘致できたら大発展するのかな？
T：リニア新幹線は、従来の新幹線と航空機の客を完全に奪い取るくらいでないと、巨額の建設費と電気代は賄えないだろう。中途半端に乗客が分散すれば、共倒れの可能性もあると思う。
従来の新幹線でも新富士や三河安城など途中駅の多くの周辺は、ある程度発展はしているけれども、開業当初全国的に言われていたような、商店街、ショッピングセンター、ホテルなどが林立し大発展したという駅はあまりない。滋賀県の嘉田前知事が栗東駅新設はもったいないと言ったのは妥当な考え方だと思う。同じ滋賀県の米原駅がいい例かもしれない。東海道本線と北陸本線の分岐駅で明治時代から北陸方面への重要な乗換駅で乗り換え客は非常に多く、新幹線も止まる。そのわりには明治以来、駅周辺が特別に大発展しているということはない。リニア新幹線はどうかというと、あまり大きな期待はしないほうがいいと思う。コンコルドみたいに廃止される可能性もあると思う。
N：確かに、速ければいい、駅ができれば大発展する、という考え方はあまり賢くないかもね。
T：JR東海の山田佳臣社長は「絶対ペイしない」と言っている（毎日新聞 2014, 2013）。２０１３年9月18日の記者会見で「リニアだけでは絶対にペイしない。新幹線の収入で建設費を賄って何とかやっていける」、10月17日にも「(リニアだけで）採算はとれない。新幹線と一体的に運用して会社をパンクさせずにやっていく」と発言した。広報部は「日本の大動脈を維持発展させていく使命のもと、新幹線の経年劣化と大規模災害に備えるために大動脈を二重系化する考えであり、リニア単独での投資回収を目的とする計画ではない」と説明。社全体の収入は全線開業時で15％増との『堅めの想定』を示す」ということだ。しかし、今後日本全体の人口が減っていく上、通信手段はさらに進歩する。それに、新幹線の客を奪うことになるのに新幹線の収入で賄うというのもおかしな話だ。

VI 自然エネルギーによる様々な発電方法を検証する

1. 波力発電

N：波力発電だけで日本の電気は大丈夫だと言っている専門家もいるけどどうなんだろう？（図30）

T：例によって、最大出力を定格出力と言っているので、それを足し算しただけだろう。数字の遊びだ。

廣瀬学氏は波力発電が普及しない理由を、設備が高価なことと、台風や津波の時の対処方法の問題があると分析している。「また、最近の流れの中に「景観」という視点を忘れてはならない。すべてのものの中で発電を最優先するという理由はどこにもなく、波力発電設備を設置することによって周辺の景観が損なわれないことまで配慮する時代となっている」と書いているが、その通りだと思う（廣瀬2014）。

2. 潮流発電

N：風力発電よりかなり有望だと書いている本もあるよね。

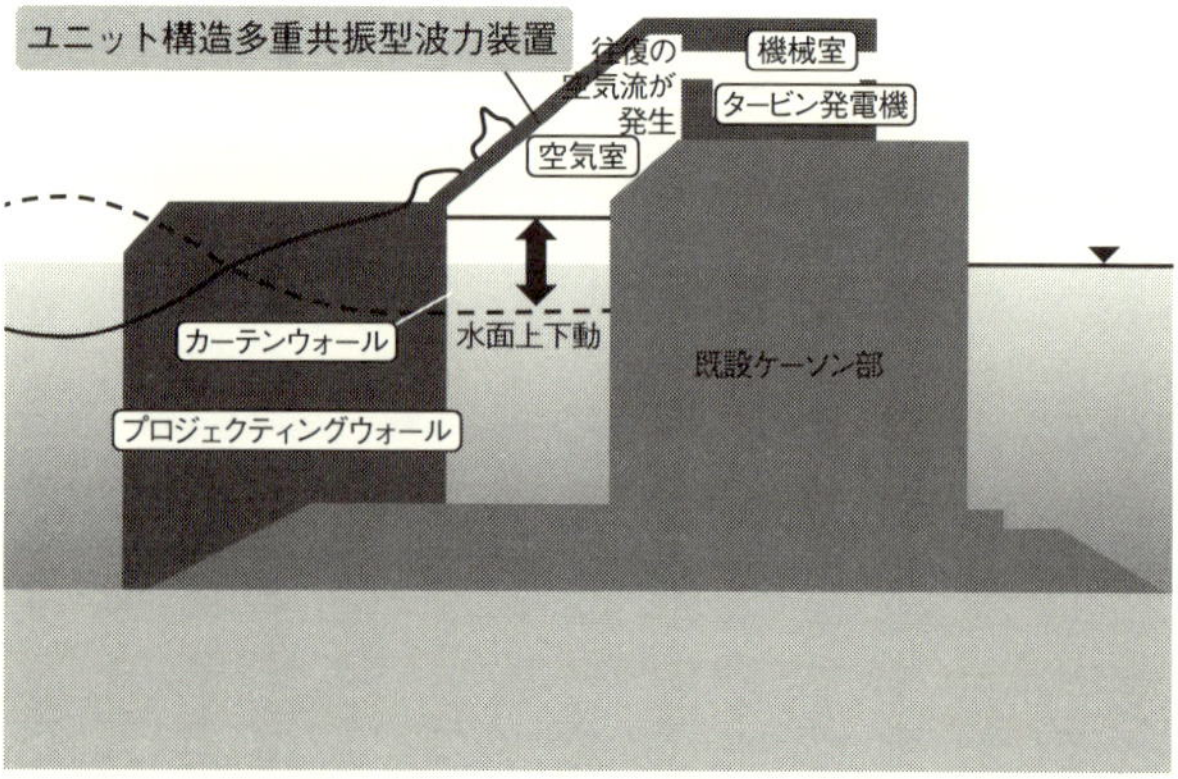

図30　波力発電のしくみ（三菱重工鉄講エンジニアリングHPより）

T：風よりも潮流の方が安定しているのは確かだろう。関門海峡など海峡の場合は、満ち潮と引き潮で流れる方向が変わるだろうし、流速も変化するだろうが、風ほどの変化はないようだ（図31 関門海峡の潮流）。

N：黒潮とかなら安定しているのかな。

T：黒潮は偏西風ほどではないにしても、蛇行して流速も変化している。例えば和歌山県の潮岬付近だと、本流が岬にぶつかる日もあるし、10㎞以上沖に離れたり、反転流が冷水塊を作ってさらに遠くに移動することもある。地元では下り潮と言って沿岸付近を東に流れる時がよく魚が捕れるそうだ（図32 黒潮の蛇行図）。

N：黒潮の本流を追いかけ続けるのはたいへんそうだね。

T：しかし、海流には魚はもちろんクラゲ、流れ藻、漂流物、ゴミ、稚魚の群、大型プランクトンの群などいろいろな物が流れているから、それを発電機に入れないようにするのは結構大変だと思う。原発も火力発電所も、毎年のように冷却水取り入れ口にクラゲや海藻が詰まって困っている。流れてくるだけではなくて、海藻やフジツボ、イガイなどが着生して成長するだろうし。しかも、海水中なので錆びやすく、発電機の材質や耐久性が問題にな

図31　関門海峡の潮流

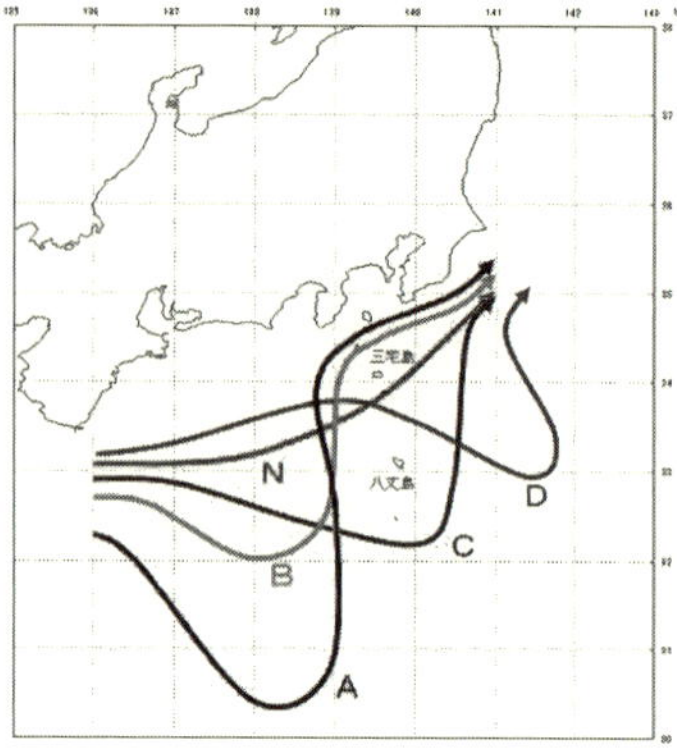

図32　黒潮の蛇行図

る。湯水の如く金をつぎ込めば、錆びない発電機は造れるんだろうが、オールステンレス、チタン、金、セラミックでは、採算性が問題になる。

それから、発電機が起こす海中の後方乱流、後流渦の影響は風力発電機の比ではないだろう。かなり大きな強い渦が遠くまで届くことになり、海底の地形や沿岸の地形を変え、海藻や稚魚に影響を与え、魚類への影響も大きいだろう。船舶にもかなりの影響はある。それでも発電が必要かどうかを十分に検討するべきだと思う。

3．潮汐発電

N：潮汐発電というのもあるらしいね。これは有効だという話だけれども。

T：原理的にはいいと思う。大潮、中潮、小潮で発電量が変わってくるだろうが。ただし、単なる潮汐を利用するだけならともかく、ダムを造って満ち潮を閉じ込めて、引き潮の時間になったら発電機を回しながら海水を流すという方式だと、原理的には比較的安定した発電ができるかもしれないが、海岸の生態系に相当な影響を与えるだろう。自然の潮汐とはかなり違う潮汐を起こすダム、自然の潮流とは違って常に変化する強い潮流が流れ込む海域。原発や火力の温排水の影響も相当なものだが、海洋への影響としてはそれを遙かに上回りそうだ。その被害と発電量とどちらを優先すべきかということだ。

1966年に完成したフランスのランス川河口の潮汐発電所では、やはりダムに泥がたまって、イカナゴやカレイなどの魚は50年近く経っても戻っていない。堆積した泥をどう処理するかが今後の課題になるだろう。

N：それは、ダムの問題と同じだね。

T：フランスでも潮汐発電は増えていない。日本でも検討段階で、問題点のクリアが難しいようだ（薩摩川内市 2012）。

4. バイオマス発電

N：ここまで話を聞いてきて、風力発電や太陽光発電、海洋発電で脱原発をすすめるのはほぼ絶望的だという気がしてきたよ。バイオマス発電はどうなのかな？ 廃棄物の再利用にも役立つっていうけれど。

T：これは要するに火力発電所で、燃料がバイオマス、つまり、木材や草、家畜の排泄物やメタンガスだということだ。燃料が安定的に安く供給できるのなら、発電量の調整も自由自在だから、十分使える。

N：じゃあ、バイオマス発電がいちばんということなのかな。

T：問題はその燃料だ。火力が弱いんだ。つまり、ガスレンジや石油コンロでお湯を沸かすのは安定しているし数分でできるけれども、たき火で沸かすとなると必ずしも安定しないし、湿っていたりするともっと時間がかかる。特にゴミを燃やす場合は結構たいへんだ。蒸気発電（汽力発電）には２００～３００℃の高圧蒸気を沸かして効率を高めるので、バイオマスの場合、燃料を大量に使う割に蒸気圧が上がらないことがある。

N：なるほど。木材やゴミでうまくいくのなら、石油や天然ガスはそもそも使わなくてもいいわけだしね。

T：それに、木材やゴミを燃やすと煤煙や酸性物質、タール、ベンツピレンなどの副産物が出てくるので、煤煙除去装置や排気ガス処理装置が必要になる。タール、ベンツピレンは発ガン物質だ。

N：最近では石炭を燃やしまくる中国の煤煙が日本にまで被害を及ぼしているわけだよね。その上、木を燃やした煤煙が日本中に漂いまくるというのは困るね。

T：さらに、燃えにくい物を少しでも効率よく燃やすために、炉に空気供給装置をつけたり、木材やゴミを前もってよく乾燥させたり、粉砕してからペレット状に加工したり、ゴミの場合はＲＤＦという固形燃料に加工したりという工夫も必要になるようだ。

N：ペレットストーブもそうだっけ。ただあれも、燃料費が結局灯油やガスよりかかるみたいだね。

T：ストーブの場合、煙を出しても文句がでないような場所なら、割ったマキを直接燃やすほうが安上がりだろう。ただ、個人の家ならともかく、発電所でそれをするわけにはいかない。

N：これもやっぱり簡単じゃないんだ。

T：煤煙や排ガスをキチンと処理して、効率よく燃やせるバイオマス発電所ができたとして、固定買取価格を高くすると乱伐が進んで、日本中はげ山になりかねないと心配された。樹木を材木にしたり、紙の原料にしたりするより、燃やして発電した方が儲かるとなると、とにかく伐りまくるだろうから。

N：それはたいへんだ。

T：だから、経産省は、間伐材とか、未利用のものとか、産業廃棄物の中の木材だけとか、出所をキチンと証明書で証明できるものだけを燃料として認めることにした。ただ、そうなると今度は採算性が問題になってきた。元々日本の木材は切り出しても、人件費などで、輸入木材よりどうしても高くなるので、数十年前から構造不況状態だった。いい木材を育てるために間伐や枝打ちをしても赤字の状態で、日本の林業は補助金だのみだったんだ。2012年からの固定買取価格はそれを解決できるだけの高い買取価格ではなかったらしい（バイオマスの固定買取価格：間伐材32円、端材、もみ殻など24円、ゴミ17円、建築廃材13円。2015年現在）。

N：しかし、買取価格を高くしすぎると乱伐が進む可能性があるのか。それはそれで困るよね。

T：幕末や第2次大戦直後は燃料不足で、日本全体でハゲ山が増えた。当時は燃料の主流がたき木と炭だったからだ。幕末の人口約3000万人ですら、国産の木だけでは燃料をまかなえなかった。また、当時は木を直接燃やしていたが、これを燃やして電気に変えてから使おうということになると、日本の木材を主要な発電燃料にするとそう長くは資源はもたないだろう。また、石油よりもはるかに大量の残灰や酸性物質が出るので、その処理をどうするかだ。総務省評価局は、過去5年、6兆5500億円の税金を投入したが、期待される効果が出ている事業は皆無であったと報告している（総務省評価局 2011)。

N：全然ダメだったのか。

5. バイオマス発電の副産物

N：ところで、その燃やしてできる酸性物質というのは木酢酸のこと？　効能もいろいろあるみたいだね。

T：木酢酸は酢酸、つまり酢の主成分が主だが、タールやベンツピレンなども含んでいるし、アセトアルデヒドや有毒な発ガン物質まで含んでいるから、あまり大きな期待はしないほうがいい。それを大気中にばらまくのは酸性雨の原因にもなる。

6. バイオガス発電

N：バイオガス発電はどうなんだろう？　２０１４年度の固定買取価格は39円とかなり高いけれど。

T：牛糞や生ゴミをメタン発酵させて、メタンガスを取り出すものだね。天然ガスもメタンガスだから、基本的に同じだ。ただ、悪臭を伴う上、ガスにアンモニア、硫化水素、CO_2など不純物が多くてやはり熱効率が悪いらしい。メタンガス自体は無味無臭だが、要するに有機物が腐ってできるものなので、不純物が多く、メタンガス濃度は40～60％程度らしい。

京都府八木町に大規模な発電所があるが、やはりメタンガスの量と比率が少ないので、蒸気発電ではなくて、ディーゼルエンジンと同じピストン式の発電機で発電している（図33 バイオガス発電所）。

しかし、今後は大いに有望だと思う。特に石油や天然ガスの価格が上がったり、円安が大幅に進んで、天然ガスの値段が上がった場合は、さらに有望になるだろう。

7. バイオフューアル

N：菜種油でディーゼルエンジンを動かすバイオフューアルはどうだろう（図34）。

T：車が天ぷらの臭いを出しながら走るのは面白いが、菜種油は軽油よりはだいぶ高いし、量の確保が問題だ。食用油と違って大量に使わなくてはならないから、ヨーロッパでは菜種油が足りなくなって輸入品でまかなっていたところもあったそうだ。

N：なるほど、そうなるとやはり石油や天然ガスの方が圧倒的に安いのか。

図33 バイオガス発電所（京都府八木町）

T：ヨーロッパではバイオディーゼル用にかなりの食用油を輸入していて、その使用が減った時食用油の国際価格が下落して問題になった（日経新聞 2012）。

N：自国でとれる食用油だけでは足りなかったわけ？

T：そう。日本やヨーロッパでは主に菜種油だが、生産量が少ないんだ。圧倒的に安くて大量に確保できるのは熱帯地方でとれるアブラヤシの実から作るパーム油だ。

日本で使用している軽油を全部安いパーム油に置き換えた場合、その生産のために新に約11万ha（東京都の半分くらい）のプランテーションを造らなくてはならないという試算も出されている（蒲原ら 2010）。

N：パーム油製造のためのアブラヤシのプランテーションは、大規模な熱帯雨林の焼き払いや労働者の過酷な状況などが問題になって、パーム油から造られた石鹸の使用は止めようという運動も起こったくらいだよね。日本で軽油の代わりに使うために大面積の熱帯雨林が失われることになると、CO_2を吸収してくれる大森林を失うことになるね。

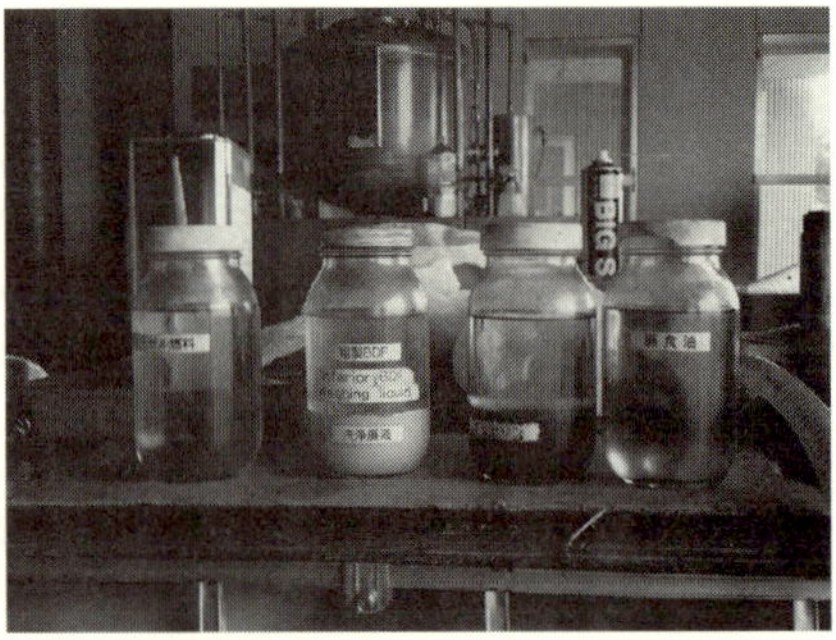

図34　バイオフューアル

8. バイオエタノール

N：バイオエタノールはどうなんだろう。
T：アメリカのブッシュ前大統領は、スイッチグラスという成長の早い草を発酵させて大量に造るんだと言っていたな。ところが、やはり効率よくアルコールを造るには、トウモロコシなどの穀物やキャッサバなどの芋類のようなデンプンの多い物のほうが効率はいいので、そうなると食糧供給を脅かす、人道に反するという反対意見もある。
　スイッチグラスなどの植物の場合は、セルロースをまず糖に分解してから発酵させる必要があるから、手間と時間が余分にかかる。紙の原料としてケナフという成長の早い草が注目されたけれども、木材に比べると中空の部分が多くて、輸送や製造の効率が悪いので、あまり使われず、いつの間にか忘れ去られたのに似ている。
N：でもバイオエタノールは使える？
T：もちろん、菜種油よりは効率がいい。ただ、固定買取制度にはバイオフューアルもバイオエタノールも入れられていない。今のところは採算が合うような発電は無理だろう。
N：どうして固定買取制度に入れられなかったのかな。
T：それはよくわからない。ただ、発電用の蒸気を沸かす原料としては量も少なく、高価なことは確かだ。ブラジルでは結構量産されていて、自動車の燃料に使われているんだが。
　それに、アルコールは毒物でもある。蒸気だけでも酔ったりアレルギーを起こす人が特に日本人には多くて、人口の約1／3もいる。それにゴムでもプラスチックでも溶かしてしまうし、アルミを腐蝕させるから、特殊なエンジンや機器が必要になる。
N：今後、石油や天然ガスの価格が上がったり、円安に大幅に進んで、天然ガスの値段が上がった場合は有望になってくるのかな？
T：ところが、2008年に原油価格が高騰した時は穀物の値段も高騰した。
N：どうして？
T：投機の影響も大きいが、農産物の製造には意外に多くの石油や石油製品を使っているためだ。つまり、石油をエタノールに置き換えるだけ無駄ということになる。

9．ミドリムシの油

N：プランクトンの一種ミドリムシ（ユーグレナ）が作る油も注目されているよね。
T：ミドリムシは光合成ができる植物プランクトンで、体内に油脂を大量に貯める性質がある。その油を絞って使おうということだ。確かに大量に安価に確保できれば有効なようだ。ミドリムシは富養化した池や川に夏が真緑に濁るアオコの成分だ。アオコだらけの池が大量にできるのはあまりいい景色ではないと思うけれども、本当に役に立つなら、それくらいは我慢してもいいのかなと思う。しかし、これもまだ研究途上だ。
N：ミドリムシは健康にもいいんだよね。

T：クロレラと同じで、例えば宇宙基地での栄養供給源としては、人の糞尿と太陽光線だけで大発生するので、注目されているのは確かだ。しかし、特に健康にいいという確かな研究結果は今のところ見当たらない。

10．天然ガス発電

N：このところシェールガスが話題になっているよね。

T：天然ガスの一種だが、2000年後半からアメリカで大量に採掘され、天然ガス価格全体が下落した。そのため、シェールガス革命といわれた一大革新が起こると予測された。「発電は天然ガス火力が主流になり電気代は安くなり、CO_2排出量も減るので、太陽光も風力発電も廃れる。化学工業、製造業は原料の天然ガスが安くなるので軒並み復活する。自動車は天然ガス車が主流になる。メタノールを安価に製造でき、そこから更に水素が安く製造できるので、燃料電池車が増え、EVや蓄電池が必要なハイブリッド車は減る」などと言われていた（泉谷 2013）。

N：今までの天然ガスとどう違うんだろう？

T：成分はほぼ同じだ。頁岩という硬い岩石の隙間に含まれているガスだから、今までは採掘が難しかった。頁岩は習字の硯石の多くに使われている石で、薄い板状になる性質がある。その隙間に含まれている天然ガスのことをシェールガスという。

N：量はどれくらいあるのかな。

T：地下2000～3000mにあるから高圧でガスが圧縮されていて、集めるとたいへんな量になる。余りにも深くて、硬い岩の隙間にあるから従来は採掘が難しかった。
N：日本にはあるのかな。
T：秋田県でみつかったらしい。
N：シュールガス革命が起こるとすごいことになりそうだね。
T：しかし、実際には従来の天然ガスより採掘がかなりたいへんで、一時いわれたほどの大革命はないだろうというのが最近の意見だ。何しろ、かなり深い地下を垂直ではなく水平に掘って、硬い岩を高圧水で砕いてガスを岩の隙間に貯めてから取り出すわけだから。しかし、天然ガス全体が安い資源となり、利用が促進されたのは事実だ。

11. 天然ガスは日本だけは安くなっていない

N：天然ガスの国際価格が安くなったとなると、火力発電用の燃料費が増えたから電気代が上がるっていうことはなくなるのかな。
T：ところが、電力会社は安定確保のため原油価格リンクの長期契約で、国際価格よりかなり高い値段で買い続けている。ジャパンプレミアムといわれる価格で、2012年には国際価格の9倍もの価格で買っていた（橘川 2012）。
N：どうしてそんな無駄なことを。

T：原油価格リンクの長期契約でまとめ買いをしたからだと指摘されているが（橘川 2012）、電力会社は実は高くてもそれほど損をしない仕組みになっていることも大きい。電力会社は地域独占と総括原価方式を約束されていて、発電原価に一定の利益率をかけて電気料金を決める。つまり燃料がいくら高くても電力会社は決して損はせず、むしろ一定の利益率をかけるから発電原価が高いほど利益が多くなる。一般の会社のように、少しでも燃料を安く買って電気料金を抑えようとはしない理由はここにある。地域独占だから客は決して逃げないし、発電原価を下げるとむしろ電力会社自体の利益が減ることになる。

N：それは……なんと非常識な。

T：会社というのは利益を追求するのが本来の仕事だから、地域独占、総括原価方式という現在の制度が悪いと言ったほうが適当だろう。明らかに過剰なほど原発や火力発電所を延々と造り続けた理由もそこにある。だからこそ、全原発が止まっても、まだ休止している火力発電所もあるのに、２０１３年以降電力供給には特に影響は出ていないんだよ。

N：消費者と国民は丸損だよね。原発もそういうからくりで増え続けたのかな。

T：電力会社も悪いが、こうした仕組みを作って長年やってきた政治が悪い、もっと言えば、それを支えて続けてきた国民が悪いとも言える。

N：経済成長の影で、国民は騙され続けてきたのかな。

T：電力会社や時の政治家を責めるよりも、こうした仕組み自体を作り替えないと、根本的な解決にはならないと思う。

12. 原油価格下落

T：2014年後半には原油価格が大きく値下がりした。2015年1月には2014年7月に比べるとと約5割も下落している。

N：火力発電所の燃料代が下がって、電気料金も値下がりするのかな。

T：例によって電力会社が長期契約をしていれば恩恵が消費者に回るのは相当後だろう。

原油価格も、天然ガス価格も需給の関係よりも投機によって大きく動く。今回のように2014年12月のOPEC※総会で、原油価格が下がっているのに減産しないと決めたとなると、ますます下がるだろう。

N：なぜOPECは原油価格が下がると損をするのに、自ら価格を下げるようなことをしたんだろう。5割も下がったら概算で毎日1900億円もの減収になるらしいじゃないか。

T：ベネズエラ、イランなど財政危機にある国は減産を主張したんだが、サウジアラビアなどの主要産油国はその必要はないとしたんだ。

N：ロシアは主要輸出品の石油が値下がりしたのでルーブル安になって困っているらしいね。ロシアを制裁するためのアメリカとサウジアラビアの陰謀だとの話もあるね。

T：いや、OPECは過去には減産をして、そのために第1次石油ショック、第2次石油ショックなどに繋がっていたんだが、まじめに減産していたのはサウジアラビアとクウェートくらいで、他の国々はむしろ増産してただ乗りしていたらしい。それに大産油国ロシアやアメリカなどはそもそも

ＯＰＥＣに入っていない。だから減産を決めてもあまり効果のない状況になっていたらしい。また、シェールオイルやサンドオイルへの牽制もあるのではなどと言われているが、がそこまで考えてのことかどうかはわからない（日経ビジネス　2014）。

Ｎ：陰謀じゃないのかな。

Ｔ：陰謀にしては、例によってお粗末過ぎると思う。世界的な景気低迷やシェールオイルの増加などで既に原油は供給過剰状態にある。そんな中で減産を決めても、実際に減産する国は少なく、どの国も減産はできない状況に陥ってチキンレースになってしまったという意見もある（日経ビジネス 2014）。しかも、かつて石油はまもなく枯渇するだろうと言われていたが、次々に見つかっている。いずれにしても火力発電の単価が下がるから、原発再稼働を急ぐ大義名分はなくなったといえそうだ。

13．日本の天然ガス、メタンハイドレートなど

Ｎ：日本の天然ガス資源としては、メタンハイドレートっていうのが埋蔵量も凄いらしいね。

Ｔ：メタンハイドレートでなくても天然ガス自体は日本にも結構あって、新潟県長岡市にあるものが

※ＯＰＥＣ：Organization of the Petroleum Exporting Countries 石油輸出国機構、サウジアラビア、クウェート、イラン、ベネズエラなど12カ国が参加、1960年に結成された。輸出国の利益を守るのが目的、生産調整により第1次、2次石油ショックなどを引き起こした。しかし、ロシア、アメリカなど大規模な生産国が参加しておらず、最近は影響力が低下している。

最大で、北海道苫小牧市にもある。実は東京から千葉県にかけては大きなガス田で、南関東ガス田と言われている。時々噴出や貯留による爆発事故が起こっている。２００７年の渋谷シエスパ爆発事故（経産省 2007）、２００４年の千葉県のいわし博物館の爆発事故（国交省 2007）などだがそうだ。ビルが壊れて、死亡者まで出ている。東京や千葉で地面の上にガスが貯まるような建物を造るのは実は危険だ。建物が床と天井、壁で密閉されていればいいが、隙間があると床下や部屋に天然ガスが貯まって爆発する可能性がある。

N：つまり、東京は天然ガスのガス田の上で輸入した天然ガスを使っていることになるよね。どうして自分たちの地下の資源を使わないいんだろう。

T：採掘すると地盤沈下の危険があるのと、採掘のための設備費や人件費を考えると、輸入ガスのほうが圧倒的に安いからということのようだ。

N：メタンハイドレートも資源量は多いが採掘が大変だと言われているな。

T：最近やっと採掘技術が進んできたが、安い天然ガスにするにはまだまだらしい。

T：もう一つ使えそうな天然ガスとしてはコールベッドメタン（炭層メタン）がある。石炭には目に見えない微細な気泡が多くてその中には天然ガスが詰まっている。油田に貯まっている天然ガスと違って硫化水素やエタンなどの不純物が少ない。日本には結構石炭の埋蔵量は多いから、まずそれを採掘するのも手だと思う。今までは炭層メタンは石炭採掘時に時々炭鉱爆発の原因になる邪魔者とされ、棄てられていたんだが、それを有効活用するということだ。北海道の石狩炭田には実験プラントがあり、釧路炭田では最近まで釧路ガスが使っていた。石炭層にＣＯ２を注入すると石炭がCO_2を吸着してメタンと置き換わるので、それを集めるらしい。
N：CO_2の処理にも使えそうだね。
T：まあその後で石炭自体を採掘したらまた出てくるわけだから、一時貯蔵ということだろうが。
天然ガスは油田の石油埋蔵層の上部にも貯まっていて、従来はジャマだと単に燃やされていたんだ。利用されるようになったのは最近だ。
N：天然ガスを棄てるとか燃やすとか、なんかもったいない気がするね。
T：石炭は掘ったのを野積みしたままでも保管できるし、屋根のない貨車やトラックでも運べる。石油もタンクに詰めればどこにでも運べて、採掘後の手間は少ない。天然ガスは、そのままタンクに入れるよりも、液化すると体積が１／６００になるから効率がいい。しかし、主成分のメタンはマイナス１６２℃以下にしないと液化できないから、それには大規模な設備が必要で採算性がないとされていたんだ。
N：プロパンガスも冷凍しないとボンベに入れられないの？
T：いや、主成分のプロパンやブタンは常温で弱い圧力をかければ簡単に液化できるから早くから利用されていたんだ。プロパンガスと違って天然ガスボンベがほとんど売っていないのもそのためだよ。
それに石炭は加工すれば、石炭ガス（昔の都市ガス）、コークスや化学薬品、コールタールが分離でき、石油も精製すれば石油ガス（いわゆるプロパンガス）、燃料、合成樹脂や化学薬品の成分、アスファルトなど多くに分離して利用できるが、天然ガスは、燃料以外にはメタノールなどの化学薬品がとれるくらいだから、価値が低いとされていたんだ。

14. 天然ガス発電、コンバインドサイクル

N：天然ガス発電のコンバインドサイクルっていうのも注目されているみたいだね（図35）。

T：コンバインドサイクルは、まずガスタービンを回して発電し、その排気ガスで蒸気を沸かしてその蒸気でまた発電する。従来の火力発電所では、蒸気の量で発電量を調整しており、燃料の消費量と発電量は直接リンクしていなかったが、コンバインドサイクルなら完全なリンクが可能になる。それで熱効率60％までいっている。ガスタービンと蒸気タービンが組み合わされているからコンバインドで、それがつながっているからサイクルなんだ。当面の発電方法としては最も現実的な方法だと思う。

N：CO_2は出るのかな。

T：天然ガスだからもちろん出すが、従来の石油や石炭の半分以下だとされている。それに、風力発電や太陽光発電はむしろCO_2排出を増やす方法だから、コンバインドサイクルが最もCO_2排出量は少ないといえそうだ。

図35　コンバインドサイクル火力発電所

Ⅶ　水力発電

1．水力発電は自然にやさしい？

N：水力発電は自然に優しいという話も聞くね。もっと増やしたらどうなんだろう？

T：水力発電にも色々あって、例えば日本初の水力発電所、京都市の蹴上水力発電所（図36）は琵琶湖疎水の水で発電しているが、ここのように水路の水で発電するのは確かに自然に優しい。発電機に巻き込まれた魚や水生生物は無事には済まないが、今のところ生態系を変えるほどの被害は出していないようだ。時々取水口の網のところに魚が貯まっているけれども。

蹴上発電所は明治24年、1891年の開設以来基本的な構造はほとんど変わっていない。今でも常時2100kw、最大4500kwの発電を続けている。古い水力発電所はこのように100年近く黙々と発電を続けているところが多い。小規模な水路発電所なら3m以上の落差があれば、かなりの発電ができるし、水さえあれば、天候や燃料費の変動の影響はほぼ受けないから安定した発電量が得られる。発電量もバルブの開閉でいくらでも微調整できるから、発電量と電気使用量の同時同量も簡単にできるわけだ。蓄電池やスマートグリッドも特に必要ない。もっとも効率のいい発電方法だともいえる。

環境省の再生可能エネルギーポテンシャル調査によると、中小水力発電の資源量は河川で1650万kw、農業用水路で32万kw。これは原発20基分程度の発電量になる（環境省 2010）。この場合の資源量は太陽光や風力と違って、天候には影響されずいつでも出せる出力だ。そして、バックアップ用火力発電所、蓄電池、スマートグリッドなどの必要は全くない。

2. ダム式水力発電所

N：そういえば、昔、石原裕次郎の『黒部の太陽』という黒部ダム建設の話の映画があったね。当時はダム建設による水力発電が発電の主役で、国策だったんだよね。

T：今でもダム建設は国策だよ。黒部ダムは1956年から1965年の9年間の工事中に171人もの殉職者を出した難工事だったので話題になり、今ではこの映画の影響で美談になっている。当時は水力発電が発電の主力だったから。

N：それなら全国の河川に黒部ダムみたいなダムを造って発電すれば、原発の代わりになるんじゃない？　資料をみてみると、黒部ダムの黒四発電所は最大33万5千kwと敦賀原発1号機に匹敵する発電量で、黒部川の水力発電所の総出力は89万4600kwと最新の原発1基分に匹敵するんでしょ？　今の日本に原発が55カ所あっても、黒部川並みの発電ができる河川は全国にそれ以上あるんじゃないのかな。さっき話に出た中小水力発電所のポテンシャルが原発約20基分とすると、35カ所もあればいいという計算になるよね。

図36　蹴上水力発電所

T：ただ、黒部ダムのようなダム式の大規模水力発電所はあまりにも自然破壊が大きすぎる。
N：ダム湖を造るから？　でも、景色がよくなるとか水鳥が増えるとか、いい点もあるんでしょう？
それに洪水防止や水道水の確保にもなるし。原発よりはましなんじゃないかと思うんだけれど。

3. ダムのため砂浜が消えた

T：黒部川には、1936年以来6基のダムが造られた。そのため、川による土砂の流下が止まった。そのため、河口付近の海岸浸食がはじまり、砂浜がすっかりなくなって、数百m も海岸が後退してしまったんだ（国交省 2006, 2008, 2013）。
　全国にダムは3069あり、その他に農業用井堰や河口堰もある。河川による土砂の流れ下りはすっかり止められてしまって、ダムの多い天竜川や大井川の河口付近はじめ、全国的に数百メートルから数キロレベルの海岸浸食が急増してかなりの砂浜が消滅してしまった。海岸の地形は、河川を流れ下る土砂の供給と波や海流による流出のバランスで保たれているんだが、そのバランスが崩れてしまった。
N：うーん、それを解決する方法はないのかな。
T：黒部ダムは土砂の堆積を減らすために、底の土砂を水と一緒に下流に流している。
N：そういう手があるのか。
T：しかし、ダム湖に貯まった泥と一緒に流すので、濃い味噌汁のようにドロドロの水だ。黒部川下流にある下の廊下といわれるところや十字峡という美しい渓谷もドロドロだ。これでは魚も水生生物も棲めない。支流からの流量の多い日は多少ましだが。

N：それは困るね。

T：それでも砂利や大きな石や岩は流せないから、上流端からずいぶんと埋まって来ている。加えて黒部ダムの下流にあるダムにはそうした装置がないから、泥が貯まることになった。80～90％埋まってしまい、河原とほとんど変わらなくなってしまったダムばかりになってしまった。

N：なにか手を打っているのかな。

T：そこで、最も下流にある出し平ダムと宇奈月ダムは土砂を排出するゲートを造って時々土砂を流すことにした（国交省 2008）（図37）。

N：それで解決したの？

T：ところが、土砂と共に泥が大量に出て、川底や海底を被って、水草や海藻、水生生物が呼吸できないようにしてしまい、漁業に大きな被害を出してしまった。そこで、自然の川の増水時に合わせて、２つのダムから同時に排砂して、自

図37　宇奈月ダム。右側が排砂ゲート

然の川の増水状態に近づけるようにした。

N：うまくいった？

T：ところが、その方法ではダムの土砂を十分には出し切れない。自然の川のようにうまくはいかないんだね。地元漁協には年間7000万円、その他にも色々な補償で年間1億円ほどかかっている。海の砂漠化が新潟県にまで及んでいるとの調査結果もある。

N：なるほど難しいんだねえ。

T：ダムによる濁りといえば、三重県名張市の比奈知ダムなど新しいダムでは選択取水といって、ダム湖の底に貯まる冷たい水の層を選んで放流して、ダム湖の富栄養化を防いでいる。ところがそのために、何カ月も泥水を放流することになってしまった。

N：どうして？

T：ダム湖には時々温度躍層といって水温の違う水の分離層ができて、冷たい水が長期間底に貯まり、酸素が欠乏して富栄養化してしまう。そこに、大雨の時の川の濁りが流れ込むとシルトがなかなか沈まずにいつまでも濁り続ける。その層から放流し続けるから川の水がいつまでも濃い味噌汁のような濁流になってしまう。大水の時の川の濁りは、普通は雨がやめば数日で治まるし、古いダムだと1週間以上かかることもあるが、割と早く流れ去る。ところが新しいダムはその工夫が災いしていつまでも濁流が治まらない（図38 比奈知ダム）。

N：そうなると魚や水草は減るし、農業や上水道にも影響が出るんだろうね。

4. ダムがあっても大水害が起こったわけ

N：黒部川はダムが6つもあるんだよね。ということは水害はほとんどないのかな。

T：ところが、何度も大水害を起こしている。

N：ダムではコントロールできないほどの雨だったから？

T：そうではなくて、黒部ダム以外のダムはほとんど埋まってしまっていて、水を貯められなくなっていた影響が大きいようだ。流域住民もダムが多いから大丈夫だろうと、防災意識が下がっていたのかもしれない。そこで、治水ダムとして宇奈月ダムを新設したんだ。

N：うーん、でもそれなら埋まった4つのダムの土砂を掘って、河口の海岸浸食を起こしている砂浜に運んだらいいいんじゃないのかな。

T：土砂があまりにも多くて、浚渫費用も莫大になる。それならダムを新設するほうが早く安くできると判断したらしい。

N：土砂をとるのはそんなにたいへんなことなのかな。

T：砂浜は川の流れ、波の力、海流の力で砂だけが選別され、

図38　比奈知ダム

その結果砂浜になる。波が強いと砂利浜になり、緩いと泥浜になる。ダムの土砂は砂、砂利、石、岩、泥、粘土、流木、ゴミなどがゴチャゴチャに溜まっているから、今の法律ではゴミ扱いとなり、そのままでは海岸の埋立には使えない。海岸だけではなく、他の埋立地での基準もクリアできないので、十分に選別してから使わなくてはならないようだ。

それに、土砂が余りにも多すぎて、仮置きする場所も捨てる場所もなかなかない。また、ダムの水を全部抜くこともできないので、少しずつ浚渫していったり、ダムの上流に副ダムという土砂を貯めるダムを造って土砂を取る方法も行われているが、土砂が貯まる量が多すぎて追いつかないようだ。天竜川の佐久間ダムでは、遠州灘まで約70 kmのベルトコンベアやスラリー輸送（土砂と水を混ぜてドロドロのスラリーにして流す方法）のトンネルやパイプラインを設置して土砂を運ぶ案まで検討されている（岡田ら 1984）。

N：土砂のスラリーが流れたら、トンネルもパイプもすぐにすり減ったりするんだろうな。でも、そんなにたいへんならいっそダムを撤去したらどうなんだろう。

T：ぼくもそう思うよ。ただ、ダムに相当に依存したシステムが出来上がっているから難しいようだ。

N：でも、そんなたいへんな苦労をして、それを上回るほどの利益をダムは生んでいるのかな。

T：ダムのほとんどは税金で、公共事業でやっている。キチンと計算したら赤字かもしれないね。

N：話を聞いていると、ダムの撤去というのは原発を廃炉にするぐらい難しいことのように思えてくるね。

T：ダム本体は鉄筋コンクリートだから、いずれ寿命がくる。ただ、コンクリートが劣化する前に、ダム湖に土砂が貯まって寿命がくる可能性が高いと言われている。大規模なダムの場合は30年～100年とされている。ダムは、その間に得られる利益が犠牲より大きい場合にだけ造るべきであるとされている。

N：原発の寿命とそんなに変わらないんだね。

T：原発は55あるが、ダムは全国に3069もあって、そろそろ一斉に寿命が来ると言われている。並大抵のことじゃないだろう。

N：ダムを造れば土砂が溜まることぐらいはわかっていたはずだよね。その処理方法は考えていなかったのかな。だったら、原発の廃棄物の処理方法や廃炉処分方法を考えていなかったことと同じだね。

T：そういうことになる。

5．寿命が来たダムの処理は原発なみにたいへん

N：寿命が来たダム本体の処理方法も、原発の廃炉と同じで全く考えられていないのかな。

T：その通り。ダムに貯まった土砂を全部取り除いてダムを造り直すと、ダムを新設するよりも3倍から5倍の費用がかかる。大きめのダムを下流に造って古いダムを埋めてしまったダムもある。砂防ダムの例がわかりやすい。砂防ダムはだいたい半年から数年で土砂で埋まってしまうが、本来は土砂が貯まったら取り除くこととされている。しかし、全国的に実行された例はほとんどない。その理由

は、国の予算自体が新設費用は潤沢に見積もるが、維持管理やメンテナンス部門は著しく少なく見積もられていること。加えて、これまで話してきたように、土砂の捨て場すら考えられていなかったことだ。だから、満杯になった砂防ダムは、上下に同規模のダムを新設して、真ん中のダムから溢れたり、真ん中のダムが壊れたりしてもいいように備えておく、その上下のダムも満杯になったら更にその上下に新設するという対応が行われている。

N：ダムが階段みたいになっているのがあるけど、そういうことなのか。でも、その渓流をめいっぱいダムで埋め尽くしたらその先はどうするんだろう（図39）。

T：それも全く考えられていないようだ。そろそろ満杯になった渓流も出てきている。最近はスリット式砂防ダム（図40）といって、流木や巨石は止めるが土砂は流すような砂防ダムも造られている。しかし、相変わらず、貯まった流木や巨石は放置されたままだ。

N：大きなダムや原発だけじゃなくて、そこらにある砂防ダムの後始末も考えていなかったということ？

T：撤去がはじまったダムもある。小規模なダムだが熊本県球磨川の荒瀬ダムだ。１９５５年に総工費26・5億円で完成したが、放水による振動被害や低周波音、洪水被害拡大などのため撤去されることになった。撤去費用が１００億円を越えそうだったので、いったん撤回されたが、やはり撤去されることになり、いま作業中だ。今のところ88億円で撤去できるそうだ。

N：撤去費用も考えてダムは造るべきじゃないのかな。

T：そのとおりだと思う。例えばアメリカでは、ダムが埋まるのがもっと早かったせいもあって、もう新設はしないと決め、撤去が進んでいる。既に500を越えるダムが撤去された。いわゆる脱ダムだ。

N：黒部ダムはいつまで使えるんだろうね。

T：発電に関しては、ダムが完全に埋まってしまっても送水管を通る水さえあれば発電は可能だ。

N：それだとつまり、ダムがなくても発電できるということ？　だったら最初からそうしておけばよかったのに。

T：真冬に雪で閉ざされても、渇水期でも発電できるようにと巨大ダムに水を貯めて、それをいつでも流せるようにしたんだ。ダム湖に2億m³の水が貯められ、最大使用水量は72m³だから、ダム湖への流入水が全くなくなっても1カ月ちょっとは発電できる量の水が貯められている。

N：1カ月間流入する水が0になるなんてことはないのかな。

図39　連続する砂防ダム
（黒部川）

図40　スリット式砂防ダム

T：ありえない。何しろ黒部ダムがあるのは北アルプスのど真ん中で、屈指の豪雪地帯だから。地下水も豊富で万年雪もあるし、真冬でも流量は豊富だ。
N：だったら、もっとちいさなダムでもよかったのにね。
T：まったくだと思う。

6. ダムは治水には役立つか？

N：黒部川ではダムがあっても大洪水が起こったわけだよね。じゃあ、他の川ではどうなんだろう。効果はあったんだろうか。
T：明らかに効果があった例もある。しかし、天竜川や大井川、熊野川など、ダムだらけといってもいいほどの川でも、毎年のように洪水が発生している。
N：どうして？
T：ダムは集中豪雨の時に、水を下流に全く流さないようにする機能はなくて、一定流量は流し続ける。また、余りに多すぎる時は放流量を増やす。増水を完全に止める機能は実はない。それに、大雨が止んだ後は、緊急放流といって、数日から1カ月に渡って次の大雨に備えて貯めた水を放流し続ける。その水量が多すぎて被害が出て、訴訟になったこともある。また、大雨が止んだのに水位が上がることもあり、一般的な感覚とずれ、そのために被害が出たこともある。
N：ダムというのは水害を起こさないようにするためのものなんだよね？

T：全国のほとんどのダムは、多目的ダムといって、発電、利水、治水の主に3つの機能を持っている。この内、発電と利水は、ダムに貯めた水を一定量常に流す機能だ。治水の方は逆に一定量以上は流さないように貯める機能だ。発電と利水のためにはダムに目いっぱい水を貯めておいたほうがいい。逆に治水のためには、ダムはできるだけ空にしておいたほうがいい。真夏は、台風や集中豪雨に備えてダムの水を減らしておかなくてはならないし、電力需要が増えるので、発電量を増やさなくてはならない。水の使用量も増えるので、水を流さないといけない。つまり水を貯めておかないといけない。相反する機能を両立させなくてはならなくなる。だから洪水を止められるとはいっても、実はそれほど大量には止められない。また、黒部ダムのような発電専用のダムは、そもそも治水機能は持っていない。

7. ダムは水道水を確保するか？

N：ダムは水道水を確保してくれるものでもあるわけだよね。

T：それはその通りだ。ダムに水を貯めて、少しずつ流すことで川の流量を一定にして、水道水を取水しやすくするという理屈だ。例えば、三重県名張市の青蓮寺ダムは大阪府や大阪市も水利権を持っている。大阪府も大阪市も建設費の一部を負担して維持管理費を毎年支払っているが、三重県のダムから水道管を大阪まで引っ張っているわけではなくて、取水するのは90㎞下流の淀川の河口近くだ。ただ、渇水時でも淀川の水を減らさず取水できるように三重県のダムが調節するという理屈だ。

N：何か実感がわかないな。淀川流域全体で雨が降らなくても、三重県のダムがあるから淀川の水は減らないっていうこと？

T：水利権というのは川の水を汲み取る権利関係の問題だ。かなりおおざっぱなもので、実際には、川の流量が減るとダムの貯水量も減るから、そう何日も川の流量を維持できるわけではない。

例えば、2010年から三重県の伊賀市は川上ダム建設の是非で揺れている。「川上ダムを建設しないと将来工場が増えた場合に水が足りなくなる。川上ダムがあると水害は減る」、「いや、将来工場が増えるとは考えにくい。この場所にダムがあっても水害はほとんど防げない」ということが争点だ。川上ダムがあれば、2013年の台風18号の被害を防げたかのような速報を水資源機構が発表したが、詳しく聞いてみると、ダム予定地の水位が最高になった時間の1時間前には下流の被害のあった場所の水位は下がってきているから、何の効果もなかったとデータで裏付けられたようなものだった。国道が壊れたのも護岸の老朽化に原因があったようだ。

N：ダムがあっても水害は防げなかったということ？

T：この時ダム予定地上流には余り雨が降らなかった。歴史的にも大雨が少ない場所が予定地になっている。

N：そうだとすると明らかに意味がないよね。

T：水道水のほうは、普段伊賀市が木津川から取水しても水位が何㎜も減らないくらいの量だが、渇水の時は、ダムに貯めた水がないと木津川に流れ下る水の量が減って取水できなくなる、だからダムが必要だという理屈だ。

N：その地域で渇水というのはよくあることなの？
T：１９７３年を最後にここ40年はない。その１９７３年も伊賀市は普通に取水できていた。ダムがないと水道水が取水できないというわけではなくて、何十年に1度とか滅多にない大渇水の時でも取水できるように万一に備えているのがダムなんだ。伊賀市の川上ダムも伊賀市が歴史上かつてないような大渇水に備えてものだといえるだろう。治水に関してもそうで、２０１４年の未曾有の豪雨でもダム予定地下流ではどこも溢れなかったから、歴史上かつてない洪水に備えるものだといってよさそうだ。
N：滅多にないんだったら、その時だけ節水すればいいんじゃないかと思うけど。
T：ぼくもそう思う。でも、市議会の議員たちはそれではいけないと言っている。
N：どうしてそんなに水を欲しがるのかな？
T：これにはちょっと説明が必要だ。かつて１９７０年代の高度成長期、近鉄が当時の上野市（今は伊賀市に合併）と、約６㎞四方の上野南部丘陵全域に人口20万人の大住宅団地を造る計画を立て、85％を買収した。しかし、石油ショックと、大阪郊外に新興住宅地が増えて採算が疑問視されたので、近鉄は計画を中止した。近鉄はサンクコストを捨てたわけだな。サンクコストとは、サンクというのは沈んだということで、収益が上がらないとわかったものはどんなに高価なものであってもすぐに捨てよ。持ち続けているとますます損害が膨らむだけだということだ。経営学では「サンクコストは捨てよ」と教えている。
例えば、パナソニックはプラズマテレビが液晶テレビに負けたとわかった時点で、巨額の投資をしたプラズマテレビ製造プラントを廃棄した。ところが公共団体はなかなかそれをしない。

川上ダムは、そもそもこの巨大住宅団地建設のために考えられた構想だった。そして当時は兵庫県の西宮市や大阪市、奈良県まで水道水が欲しいと考えて、計画に参画した。しかし、節水が意外に進んで、人口や工場は増えたのに水道使用量は減るという事態になって、西宮市、大阪市、奈良県は撤退した。しかし、上野市は計画を捨てず、バブル経済に乗って、地域公団という公団による工場と住宅がセットの職住近接新都市、今のゆめが丘の造成を1991年からはじめた。これは公団による公共事業だったので、バブル崩壊後もサンクコストかどうか？　採算性があるかどうか？　の検討は全くせず、順調に事業が進められた。当初の想定人口は5万人だったが情勢が悪くなるにつれて3万人、1万人、5000人と勝手にハードルをドンドン下げ、現在は目標が3000人。実際の人口は1600人で、2／3は空き地だ。正にバブルのゆめが丘だ。

さらに、バブル経済崩壊寸前に、森永製菓がゴルフ場、テーマパーク、工場、住宅を合わせた想定人口5万人、日々の来訪者8000人を想定した森永エンゼルの森という大リゾート計画を立て、近鉄がかつて買収していた土地をすべて買い取った。しかし、バブル崩壊で森永製菓は経営難に陥り、計画を中止した。森永製菓はサンクコストを捨てた。おかげで近鉄は膨大な不良債権の処分に成功した。しかし、伊賀市は計画を諦めなかった。森永製菓が経営難のため兵庫県尼崎市の塚口など全国の工場の統合計画を立てていると知ると、それを誘致しようとかつての森永エンゼルの森予定地の真ん中に、市単独事業で歩道つき2車線で、太い水道管を入れた道路を計画した。しかし、着工前に森永製菓は群馬県高崎市に全国統合新工場を建設した。ところが伊賀市はこの道路計画を中止せず、20

１３年度まではあくまで森永製菓を誘致する方針は変えないと言っていて、今も「伊賀市の大発展の鍵」だと工事を進めている。この道路が完成したらこの道沿いに工場が林立すると想定して、工場用水が１・５倍になり、２０００㎥／日が必要になると伊賀市水道部は想定している（図41）。

　川上ダムと三重県の伊賀広域水道事業計画（今のゆめが丘浄水場の施設）は、こうした巨大計画による人口と工場の増加に是非とも必要だとして進められてきた。ところが、実際には人口は減少し、森永製菓が撤退し、ゆめが丘も発展の見込みがなくなった。その頃に、県は伊賀市に巨大広域水道施設を有償譲渡した。県はサンクコストを市に転嫁したわけだ。当時の市長も市議会も大発展の夢を捨てられず、本来は投資をし過ぎたバブルの後始末に奔走しなくてはならないところを何もせず、大発展の目標だけを掲げ続け、現在も市議会議員の多くが「人口減少を想定するとはけしからん」、「巨大水道設備があれば必ず大発展するのだ」と言っている。

図41　伊賀市の巨大開発予定地

Ｎ：ひどいね。この伊賀市というのは、恐ろしい世間知らずか、バカじゃないのかな……。

Ｔ：何度失敗しても諦めないというのはある意味立派かもしれないが、失敗の原因を分析して今後に生かすということを何もせずに、当初の構想のまま進めているんだなこれが。

Ｎ：それはやっぱりただのバカだよ。関西でいうならドアホか。

T：2008年に完成した日本最大の多目的ダム、岐阜県の徳山ダムは実は全く水道用には使われていない。

N：最近のダムなのになぜ？

T：1970年代に名古屋市周辺の人口が急増し、工業も大発展するから水が必要と考えられたんだが、実際には人口や工場が増えても節水が進んで、産業の形態も変化して水需要が減って必要なくなったんだ。それに木曽川導水路という44㎞もの大規模な水路を、徳山ダムのある揖斐川の中流から木曽川まで山中に造らないと、名古屋市や愛知県は水道水を利用できない。実は三重県の長良川河口堰もそうで、1970年代に、伊勢湾全体、伊勢神宮から名古屋まで全部石油コンビナートにする計画のために造られたんだが、現在水道水にはほとんど使われていないんだ。

N：ダムは必要なくなっても造り続けるんだな。

T：伊賀市に限らず、民間企業はサンクコストをすぐに捨てるが、国、県、市などの公共団体と電力会社はいつまでたってもサンクコストを捨てない。捨てないどころか後始末すらしない、市民も議会もこの点をキチンとチェックしない。この国の構造的問題が実によくわかる実例だ。

N：電力会社もやっぱりサンクコストを捨てないのかな。

T：稼働率が悪かろうとよかろうと、総括原価方式で発電施設が多いほど全部電気料金に上乗せできるから、とにかく増やせばいいという経営体質だ。だからこそ原発も火力、風力発電所、メガソーラーも、費用対効果も考えず、とにかく増やした。

N：それを聞くと、日本の2大非効率組織はやっぱり行政と電力会社だよね。

8. 中小水力発電

N：ダム式の水力発電所は原発並みに、いやそれ以上にとんでもないシステムだということはよくわかった。でも、ダムを造らない水路式の水力発電は、太陽光発電や風力発電をするよりはかなり役に立ちそうだね（図42）。
T：そう。落差が3m以上ある水路が必要だが、そんな場所は日本ならあちこちにある。固定買取価格も200kW未満34円、200〜1000kW未満、29円、1000〜30000kW未満、24円（2014年度現在）と高いから、おすすめはおすすめだと思う。
N：太陽光発電や風力発電に必要な調整装置なんかも要らないんだよね。
T：そう、用水路に単にポチャンとつけておいて発電する小型発電機もある。ベトナムなどではよく使われているようだ。とにかく発電機が回ればいいんだから装置も簡単なものだ。
自家用に使うには水路に近くないと送電ロスが大きくなるが、水路が近くにあるなら使うべきだと思う。発電に使った水はなくなるわけじゃなくて、発電機を通ってから農業用水や水道水に使

図42　小水力発電所（阿保水力発電所、伊賀市）

えばいいわけだから。

N：昔の水車を使って発電して、その電気で米を精米したり、粉をひいたりすればいいのか。

T：米の精米や粉ひきは、いったん発電した電気で機械を動かすよりも、水車で直接したほうが安くつくと思うが、必要な量の発電がいつでもできるから、活用範囲は相当広い。水路式の水力発電は、固定買取価制度発足前から山小屋や温泉旅館、浄水場、自宅など自家用にも結構造られていたが、太陽光よりうまくいっている例も多いようだ（千矢 2004）（川上 2006）。

1軒でひとつの発電機を持っている家も増えてきたが、小規模なら数軒、あるいは集落単位で、中規模なら市町村単位で十分使える規模にもできると思う。太陽光や風力の市民発電所よりはるかに簡単で、固定買取価格制度がなくなっても将来性がおおいに期待できる。

Ⅷ 地熱発電

1. 地熱発電を検証する

N：地熱発電はどうなんだろう。水力発電のように発電量の調整が自由にできて、発電量と消費量を同時同量に調整できるっていう話だけれど（図43）。

T：蒸気で発電機を回すから、蒸気の量を調整すれば発電量を調整できるのはそのとおりだ。しかし、問題点も色々言われている。地熱発電に都合のいい場所はほとんどが国立国定公園内だから建設できない。温泉が枯渇する。温泉水は不純物が多いのですぐに故障する。地下深くだとヒ素や重金属、硫化水素ガスなど有毒物質が出てくる、などだ。ただ、今のところほとんどクリアできている。

2. ほとんどが国立国定公園内？

T：今、国定公園内だから建設できないという話をしたけれども、三重県の青山高原では国定公園内とその隣接地にもかかわらず、巨大な風力発電機が91基も建てられる。再生可能エネルギーのた

図43　森地熱発電所（北海道森町）

めとなると国立国定公園はほとんど有名無実の扱いだ。

N：国立国定公園内でも建設してもかまわないということ？

T：いや、絶対建てるべきではない。自然公園法というのは自然を守る数少ない法律の一つだが、それをこれ以上有名無実化してはいけない。青山高原の風力発電所建設の審議に傍聴に行ったけれども、審議会の開催数は多いのに委員長は各委員に次々に意見を言わせるだけで討論や議論はさせず、両論併記などと言って容認してしまった。どうやら三重県知事が推進の方針で、議論は形だけすませるシナリオだったようだ。

N：知事はそれほど風車が必要だと考えたわけ？

T：必要というよりはイメージ戦略と考えたんだと思う。これまでさんざん話してきたように、風力発電は今の電力供給体制では全く役に立っていないが、相変わらずイメージだけはいいからね。

地熱発電も、２０１２年4月3日に「エネルギー分野における規制・制度改革に係る方針」が閣議決定され、国立国定公園内でも自然環境に配慮した地熱発電所の建設が認められた。

N：国立国定公園内でも建ててもよくなったわけ？

T：そうだ。ただやはり、国立国定公園内には建てるべきではないと思う。風力発電機は高さが１３０m以上、40階建てのビル以上あって、「山のスカイラインを分断しない」、「森林の樹冠を越えない」などの従来の景観法や景観条例に定められた基準を完全に無視しているにもかかわらず、自然環境に配慮しているなどという詭弁で建てられている。地熱発電所はそれよりははるかに自然景観や自然環境への影響は少ないが、再生可能エネルギーだから自然環境や自然景観を破壊してもいいなどという詭弁を、これ以上既成事実化するべきではない。

地熱発電所も、地下の蒸気を汲み出す井戸を斜めに掘るとか、既存の建造物を生かす、地下に造るなどして、国立国定公園内の自然環境や自然景観を破壊しないように建てるべきだ。しかし、無理に国立国定公園内に建てなくても地熱発電はできる。

3．温泉は枯渇するか？

N：温泉が枯渇するというのは？
T：枯渇するような少ない湯量しかない温泉地帯では、そもそも地熱発電所など造るだけ無駄だから、造るべきではない。温泉に使うような低温の温泉水はそもそも直接使わないし、そうではなくても、枯渇しないような工夫は当然すべきだろう。地熱発電といっても色々な方法があるから、順にみてみよう。

4．噴出する蒸気や熱水を直接使って発電する方法

T：地上に吹き出している蒸気を集めて発電するのが最も楽な方法だ。ただ、100℃以上の高温で大量の蒸気が噴き出している場所は、火山国の日本でもあまりないようだ。日本初の地熱発電所、岩手県の松川地熱発電所（23500kw、1966年から）ぐらいだ。

多くの場所では熱水と蒸気が一緒に出ているから（図44 北海道鹿部間欠泉公園）、セパレーターという装置で蒸気だけを分離して発電している。大分県の大岳地熱発電所（12500kw、1967年から）などだ。

5. 蒸気と熱水を汲み出して発電する方法

T：しかし、高温高圧の温泉が地表から直接噴き出している場所はそう多くはないから、地中の蒸気と熱水をボーリングして汲み出して使っている地熱発電所がほとんどだ。簡単にいうと、温泉地帯や火山の近くで、地熱貯留層という高温高圧の蒸気と熱水が貯まっている場所を探して、そこにボーリングして蒸気と熱水を取り出して、蒸気と熱水、蒸気と他のガス（硫化水素、炭酸ガス）などを分離して、発電機を回し、使い終わった蒸気は冷やして水にして元の地層に戻すという方法だ。

N：地中の空洞を探すということ？

T：いや、全くの空洞がある場合はまれで、地下水やシェールガスと同じで、水分が多い土砂や岩石の層である場合が多いようだ。

N：熱水を分離するのはわかるけど、ガスはな

図44　北海道鹿部間欠泉公園

ぜ分離するのかな。

T：発電にはタービンを回すが、タービンの前と後の気圧の差が大きいほどよく回る。水だと、蒸気から水に変わるとタービンの後ろの気圧は0に近くなるけれども、ガスだと気体のままだから冷えて収縮してもそれほど圧力が下がらない。むしろ邪魔になるだけだ。

N：なるほど、原発でも火力でも冷却水が必要だというのはそういうことか。ところで、地中深くの熱水や蒸気には、ヒ素、硫黄、硫化水素、重金属などの有害物質が含まれているかもしれないと言ったよね？

T：実際には、そんな危険な熱水はまだ記録されていないが、もしあっても分離は可能だ。そして、分離した熱水は元の地層に戻すから有害物質が貯まるわけではないようだ。もちろん、有害物質を多く含んだ熱水を掘り当ててしまったら十分注意して分離しないと大変だ。

N：温泉には湯の花というのがあるけど、あれはどうするんだろう。

T：湯の花というのは析出した硫黄などだが、確かに、よく分離してから使わないとタービンが詰まってしまうだろう。高温岩体発電といって、熱水が貯まっていなくても、地上から高温の岩体に水を送り込んで、その水を高温高圧にしてから汲み出す方法もある。これをすべてパイプで被った閉鎖系で、従来の火力発電所や原発のように純水を使って行えば、有害物質やガスの混入の心配は、パイプが破れない限りないだろう。

6. バイナリー発電

N：ただの温泉じゃダメなのかな？　有馬温泉とか、白浜温泉とかのような。
T：比較的浅い場所に100～200℃以上の蒸気がかなりの量貯まっている地熱貯留層か、十分高温の岩体がないと安定した利用はできないようだ。有馬温泉や白浜温泉でも、十分な量の地熱貯留層か高温岩体があれば利用できるだろう。
N：それがなかったらダメ？
T：いや、バイナリー発電という方法なら使える。アンモニアやペンタンなど、30℃くらいで沸騰して気体になる物質を地熱で蒸気にして発電する方法だ。
N：30℃くらいの熱さえあればいいのならどこでもできるんじゃないのかな。
T：そう、バイナリー発電は深海と浅海の海水の温度差を利用する方法や、工場の廃熱を利用する方法なども考えられている。
地球の99％は、実は1000℃以上の高温のかたまりだ。火山や温泉のないところでも地面を掘っていくと0・03℃／mずつ温度が上昇していくから、ほとんどの場所では3㎞以上掘れば100℃以上になっている。シェールガス採掘は2～3㎞の深さにボーリングして横にフラッキング（水圧で割る方法）するが、その機器や技術は日本の独壇場とのことだ（泉谷 2013）。アメリカで約3㎞掘って、シェールガスを採掘して、冷凍して液化して、日本に運んで、それで蒸気を沸かして発電するのなら、日本で約3㎞掘ってそこに水を送り込んで蒸気を沸かすほうが早いように思う。しかし、そこまで深く掘るのは大変だから、数百m掘るだけで済む場所で地熱発電が考えられている。30℃程度なら温泉や火山の近くでなくても、どこでも約500m掘ればその温度になっているはずだ。火山の近くや温泉地帯では、数m掘ればすむ場所は多いだろう。
N：地熱発電というのは自然エネルギーの中で最も有望みたいだね。
T：風力発電や太陽光、バイオマスの業界は、20年以上たっても「もっと優遇してくれないと苦しい。政府の補助金や支援、高価買い取り価格、税金免除、低利融資を更に手厚くしてほしい」ばかり言っている。補助金や支援策、低利融資というのは、本来は自立できる産業を育てるためのものなのだが、地球環境のためという錦の御旗の元、完全に優遇策に依存し続ける経済構造を作ってしまった。電力会社や政府が原発の目くらましに使っている節もある。しかし、地熱発電の業界は「15年後には自立してやっていける」と宣言している。この点でも非常に有望な発電方法だと思う。

7. 地熱のカスケード利用

T：また、地熱のカスケード利用といって、発電に使った後の蒸気や分離した熱水を温泉に利用したり、食品加工、温室、地域暖房、養魚場、冷蔵プラントなどに利用してから地層に戻すことも考えられている。
N：温室はわかるとして、冷蔵プラントになぜ温水を？
T：冷媒を温めて気化させると気化熱で冷房に使えるからだ。冷蔵庫やエアコンと同じ仕組みだ。

N：なるほど。

8．地中熱利用システム

T：それから、別に近くに温泉がなくても、恒温層といって地中20mあたりだと年中15~18℃で一定だから、空気や水を地中に送り込んで温めるか冷やすかしてから使い、暖房費や冷房費を節約する方法もある。それに加えてヒートポンプを使うとエアコンでの冷暖房に使える。東京スカイツリーでも一部で使っている（図45）。

N：そういえば家庭の電気使用量の約25%はエアコンで、次は照明と冷蔵庫でどちらも約16%だったね。

T：20mも掘るには結構費用がかかるが、屋根に太陽光発電パネルをつけるよりも将来的な費用対効果は大きいと思う。井戸水や温泉が出れば儲けものだし。

N：自宅や公共施設、オフィス、工場でこのシステムを導入すればかなりの節電になって、原発もいらなくなるかもしれないね。

T：特に真夏のピーク時に20%以上節電できれば、まさしくそれ

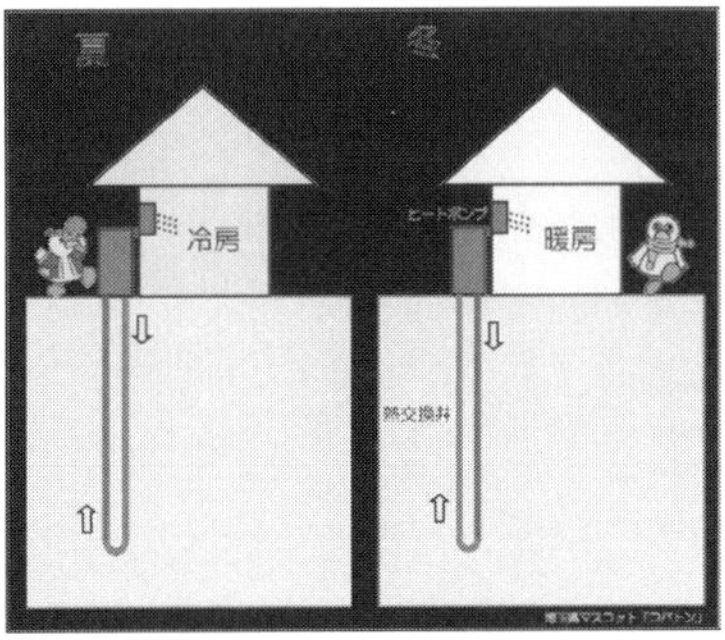

図45　地中熱利用システム（埼玉県環境科学国際センターHPより）

だけで原発など必要ないという計算が成り立つ。それに、大地震の時にも地中熱利用システムは壊れなかったという報告が福岡市や福島県はじめ各地から出ているから、防災上もかなり有利だと思う。

N：自然エネルギーで脱原発ができる可能性がみえてきたね。

IX 災害に強いエネルギー

1．災害に強いエネルギーとは

N：自然エネルギーは災害に強いとよく言われるけどどうなんだろう。

T：それはものによる。

N：太陽光発電と風力発電は燃料がいらないから、災害に強いと事業者はよく言っているけれども。

T：太陽光発電は、確かに自立装置がついていれば災害時にも1軒だけで独立して使える。しかし、風力発電機は電気モーターで強制的に風上に向けないと発電できないし、強風時の自動停止も電気がないとできないから停電するとダメだ。

N：風力は電源がないと動かないのか、原発と同じだね。非常用電源は準備していないのかな。

T：非常用電源を備えた風力発電機は国内ではゼロだ。海外でも聞いたことがない。何しろ物が巨大だから並の電力では動かせない。

N：ということは、風力発電機は災害時に電源が切れると真っ先にダメになるわけか。ますます原発と同じだね。太陽光発電はどうなの？

T：晴れた昼間なら使えるが、夜とか朝夕、曇や雨の日にも使うには蓄電池も備えていなければならない。晴れた昼間でも1500kwが上限だから、小型テレビか中型冷蔵庫と、洗濯機か掃除機程度なら動かせる。エアコンやオーブンレンジ、ポンプ、大型テレビは無理で、電気の変動で壊れる恐れがあるから、パソコンには使わないほうがいいと仕様書にも書いてある。

N：エアコンとパソコンには使えないし、肝心の夜には使えないのか。となるとあまり大きな期待はしないほうがいいよね。
T：石油とかプロパンガスとか、燃料がある場合は小型発電機のほうが安定した電力が得られるようだ。1軒全部を賄える小型発電機がホームセンターで10～30万円くらいで売っている。
N：え？ 蓄電池は500～700万円前後するんでしょ？ だったら1／10以下か。けど、燃料が切れたらダメなんだよね？
T：もちろんそうだ。大災害の場合、最初の3日耐えれば物資は届くとされているから、その間もてばいいというぐらいか。プロパンガスなら50kgボンベがひとつあれば5日間使える。

2．戦中戦後の非常時に活躍したエネルギーは水力

T：災害時というと参考になるかもしれないのは、第2次世界大戦の頃の実例だろう。1945年3月13、14日の大阪大空襲の時、地下鉄は動いていて、大火災になった心斎橋など中心部の人達を梅田方面に避難させた（「大交」1998年3月25日）。広島市では、原爆についての知識がなかったために、同年8月6日の原爆投下後3日後には市街電車を走らせていた。
N：それはどこから電気をとっていたんだろう。
T：当時は水力発電所しか動いていなかった。それこそ電力自由化社会で、国鉄も私鉄もそれぞれ独自の発電所を持っていた。幸い変電所の損傷は少なかったので、電線さえつながっていれば電車は走らせられた。広島では浄水場は8月6日の原爆投下当日、変電所は翌7日には復旧していた（広島県

史・原爆資料編 1972)。水力だから多少の水漏れ程度なら動かせるし、燃料はいらない。そういう意味では水力は災害は強いといえる。
N：2012年の東日本大震災の時よりも復旧が早かったことになるよね。計画停電もなかったの？
T：なかった。当時は今ほど電気を使っていなかったこともあるが、広島市の電気はこれ以後ほとんど止まらなかったそうだ。
N：ところで、それらの水力発電所は今はどうなったのかな？
T：電力会社の統合、地域独占化と火力発電所の増加で、小さな水力発電所はほとんど廃止されてしまった。
N：なんかもったいないね。風力や太陽光を増やすより、水力発電所を復活させるほうが災害時にはよさそうなのに。
T：全くその通りだと思う。

3．災害に強い交通手段

T：広島でも長崎でも、当時の国鉄は被爆翌日には復旧していたんだ。
N：電車が？
T：当時は蒸気機関車が主流だったから、石炭や薪で動かせたんだ。そういえば、東西冷戦時代までの欧米の主要国は幹線鉄道の電化を余り進めなかった。発電所や変電所が爆撃を受けて交通がマヒするようでは困ると考えたようだ。東日本大震災の時も、東京では線路自体の破損はほとんどなかったから、ディーゼルカー（図46）が相当あれば、あれほどの帰宅難民は出なかったかもしれない。ディーゼルカーはともかくとして、ディーゼル機関車を相当数準備していれば、ある程度は対処できたかも知れない。

自動車も、もしＥＶと燃料電池車ばかりになっていたら、充電できなくてさらに混乱しただろう。

図46　ディーゼルカー

X　エネルギーの将来への問題

1．電力会社の総括原価方式

N：日本の電力会社は「燃料費が上がって電気料金の値上げをしないと苦しい」と言っているよね。でもそれは、実は国際価格並みに安く買う努力をあまりしないせいだということがわかった。要は総括原価方式で、元手（発電原価）がいくらかかっても電気料金に上乗せできるからなんだね。

T：また、発電原価には稼働していない原発の維持管理費も含まれている。その費用は、2012年度は9電力会社合わせて1兆4000億円を越えている。さらに、稼働する見込みのない高速増殖炉もんじゅの維持管理開発費用や、原発のための電源開発促進税までも原価に含まれている（朝日新聞経済部 2013）。

N：そんなバカな。

T：審議会でも問題になったけれども、それらの費用は、結局原価への算入が認められたんだ。

2．国の新しいエネルギー基本計画発表（2014）

N：2014年4月11日に、国はエネルギー基本計画を発表した。素案の段階での記事だが、次のようなものだ。

「経済成長重視鮮明に、核ごみ課題棚上げ」（毎日新聞 2013年12月07日 大阪朝刊）「原発は一定割合で維持すべきだ」しかし、「原発依存度は可能な限り低減させる」と「国民の反発を恐れた官邸が急速にトーンダウンした」と自民党議員は話す。
原子力規制委員会の「運転開始から40年で廃炉」の原則に従えば、古くなった原発の建て替えや増設がなければ2050年ごろに国内の原発はゼロになる。経産省は「新増設は行わない」とした民主党時代の制約を外し、将来の原発建て替えや増設に余地を残した。
経産省の審議会委員の一人である橘川武郎・一橋大大学院教授は6日、素案について「全体として何を言っているのかわからない」と述べた。
N：つまり脱原発はやめて、原発を推進するということだよね。
T：安倍総理と自民党の公約だから、何としても原発を再稼働させたいらしい。
N：小泉元首相の発言も功を奏しなかったわけか。
T：最終処分ができないのに続ける合理的理由は別にないと思うし、今のところ原発なしでやれているんだからこれでいいと思うんだが、実に不可解だ。
N：何とか止められないのかな。
T：使えるとしたら、「国民の反発を恐れた官邸が急速にトーンダウンした」ということだろう。地方の選挙で、与党候補者に例えば小泉元首相の脱原発発言をどう考えるか聞いて、否定するようなら落選し、肯定するようなら当選するようなことが続けばかなりの圧力になるように思うね。独自の世論調査で、与党議員にこのことを聞いて市民の支持率を出してもいいと思う。

3．新エネルギー基本計画での再生可能エネルギーの扱い

T：新エネルギー基本計画案の再生可能エネルギーのところを一部引用しよう、

「風力発電設備の導入をより短期間で、かつ円滑に実現できるようにするため、環境アセスメントの迅速化や電気事業法上の安全規制の合理化等の取組を引き続き進める。加えて、再生可能エネルギーを受け入れるための地域内送電線や地域間連系線が必要となることから、まず、風力発電事業者からの送電線利用料による地域内送電線整備に係る投資回収を目指す特別目的会社の育成を図っていく。また、出力変動のある再生可能エネルギーの導入拡大に対応するため、電力システム改革において新たに広域的運営推進機関を設置し、周波数変動を広域で調整する仕組みを導入するとともに、同機関が中心となって地域間連系線の整備等に取り組む。あわせて、再生可能エネルギーの変動を吸収するための大型蓄電池や水素の活用も促す。大型蓄電池については、変電所等への導入実証や国際標準化とともに、現在普及の壁となっているコストの問題について、低コスト化に向けた技術開発等を実施することで、２０２０年までに現在の半分程度までコストを低減する。

①陸上風力

陸上風力については、北海道や東北をはじめとする風力発電の適地を最大限活用するため、環境アセスメントの迅速化や地域内送電線や地域間連系線の強化はもとより、農地転用制度上の取扱い等の立地のための規制緩和や調整等を円滑化するための取組について検討を進めるとともに、必要に応じて更なる規制・制度の合理化に向けた取り組みを行う。

中長期的には、陸上風力の導入可能な適地が限定的な我が国において、洋上風力発電の導入拡大は不可欠である。

ということだ。

②洋上風力

N：結局何が言いたいのかな。再エネの導入は難しいということ？

T：要するに、風力発電を増やすには、1．農地転用などの規制緩和、2．環境アセスの簡略化、3．安全規制の簡略化、4．地域内送電線新設、5．地域間連系線新設、6．地域内送電線整備のための特別目的会社設立、7．電力の広域的運営推進機関の設立、8．大型蓄電池や水素の活用、9．コストが1／2以下になるような技術開発の9項目以上の事業が必要で、そのためには膨大な費用と大きな改革が必要だと言っている。洋上風力発電所建設は不可欠だとしているが、固定買取価格をうんと高くして、様々な項目についての実証実験を積み重ねないといけないとしている。これらは原発再稼働に向けて大げさに言っているわけではなくて、実際その通りなんだ。つまり、風力発電を増やすにはそこまでしなくてはならないのだということがよくわかる。それで、欧米、特にアメリカではもう諦めているようだ。しかし、送電線の全国統一が抜けている。

N：風力発電を増やすのがそれほどたいへんな主な理由は、風力発電が風任せで、電気の変動が大きく、発電と消費を同時同量にするようなコントロールができないということでいいのかな。

T：そう、これほど新たな多くの対策が必要となると、省エネや化石燃料削減のために風力発電を進めるはずが、逆に風力発電を進めるために膨大な化石燃料を必要とすることになる。まさしく本末転倒だ。

4.ドイツで自然エネルギー100%の試み、

T：スマートグリッドといえば、やはり日経ビジネス11月11日号で、山家公雄氏は、「100%再エネ地域」を実現する方策、ドイツのスマートグリッド「E-Energy」を紹介していた。

N：本当にそうなれば、脱原発が完全に実現するね。

T：ただ、よく読むとどうも簡単にはできそうにない。風力発電と太陽光発電のバックアップをバイオマス発電でしようとしているようだ。ハルツ地方の例だが、この地方での発電量は風力発電67%だが、電気の移入量が65%だ。これはデンマークが風力発電の比率が1／3~1／2だが、ほぼ同量の電気を輸入しているのと同じだ。ヨーロッパ中の送電線がつながっていて、電力系統がものすごく大きいから、風力発電のような不安定な発電装置があっても、誤差の範囲がものすごく大きい分、余分な発電量は雲散霧消するからやっていけるということだろう。

詳しく引用すると、この地方では「風力67%、天然ガスCHP※(Combined Heat&Power) 18%、太陽光2%、バイオガス7%、水力5%、バイオマス2%、太陽光2%、天然ガスCHP18%となっている。域内の消費量1300GWhで除したみなし自給率は36%となるが、うち30%が再エネとなる。この状況でも、風力および太陽光の出力変動により過不足が生じる。15分単位で試算すると、域外からの移入は65%、域外への移出は2%となる」のだそうだ。

N：自給率が36％なのに、域外からの移入が65％、つまり現状では圧倒的にハルツ地方の外からの電力に依存していることになるんだね。
T：そう、自給率36％のほうは数字の遊びにすぎないだろう。ハルツ地方で電気を大量に使う時間帯に必ずしも風がすごく強かったり、カンカン照りだったりするわけじゃない。それにここはドイツでもかなり北の地方で、太陽光はそれほど強くはないだろうし、雪や霜も多いはずだから。
再エネ100％にするため、風力発電は4倍（151MW→630MW）に、太陽光発電は70倍（10MW→708MW）に増やして、それらの天候による激しい変動をバイオマス発電で補うというシナリオのようだ。
N：確かに全部再エネだね。うまくいけばだけれど。
T：一つ問題とされているのは、ドイツでは電力の市場取引が行われていて、よく使う時間帯の電気は高くなって、使わない時間帯の電気代は安くなる。だから、多くの発電所は電気代が高い時間帯だけ発電して儲けようとしている。バイオマス発電もそうだ。だから、電気をよく使う時間帯に風が弱いか、天気が悪いとは限らない。また、天然ガスCHPもバイオマス発電も地域暖房と連動しているから、暖房が欲しい時に風が弱いか、天気が悪いとは限らない。だから現状では風力発電や太陽光発電のバックアップにはなっていないし、将来的にも難しい。そこで、新たに「フレキシビリティ・プ

※CHP："Combined Heat & Power"の頭文字。ガスや石油、燃料電池で発電し、その廃熱で冷暖房や給湯をする設備。

レミアム」という補助金をだして、バックアップ発電をしてもらおうということらしい。
N：また補助金かあ。どうしてもそれがないとダメなの？
T：天候と、電力需要と暖房需要をシュミレーションしてこまめに発電量を適切に変動させるソフトの開発が必要とされている。
N：そこまで複雑なことをしないといけないわけ？
T：すべては、天候次第の風力発電と太陽光発電を大量に使うためだ。
N：本来の目的はCO_2排出削減と脱原発で、風力発電と太陽光発電を増やすことではないはずなんだけどね。
T：バイオマス発電で大量の風力発電や太陽光発電のバックアップとなるとかなり頻繁に出力を変えなくてはならなくなる。わかりやすく言えば火加減の調整がたいへんになる。
N：どれぐらいたいへんなんだろう？
T：実際は薪ほども品質がよくないバイオマスで火加減を調整しようというのだからたいへんんだ。例えば、ガスレンジや石油コンロの火加減はダイヤルでいくらでも調整できるが、薪だとどうなるか。薪の量を調整するとか、空気を送る量を調整するとかだろうが、ちょっと考えただけでも難しい。多めに沸かした蒸気を多すぎた分捨てることで調整しようとするとかなりのムダが出るだろう。加えて、温度変化が大きいと炉の傷みが早く、蒸気圧の変化が激しいと発電機器の傷みも早くなる。「原発も出力調整はできるが、それをすると炉の寿命が短くなり高くつくから余った電気は揚水発電所に吸収させる」とどの電力会社の担当者も言っている。火力発電所ももちろん同じだが、火力の場合は揚水発電所を造るよりも調整するほうが得になるらしい。
N：揚水発電所は原発用の施設なのか？
T：その通り、処分に困るほどの大量の余剰電力を造るのは原発しかないから。
N：バイオマス発電での発電量の細かい調整はかなり難しいんだ。
T：この著者は、「今後十分な投資をして、そのための技術革新をしなくてはならない」と言っているが、かなり難しいと思う。
N：バイオマスの木や草をペレットに加工すればいいんじゃないの？
T：そのペレット加工に使う石油やガスで直接発電したほうが早い。ペレットにしても、ガスや石油のバルブを調整するような微調整は難しいだろう。
N：それもそうか。
T：そもそも、風力発電や太陽光発電のバックアップとなると、ほとんどは発電できない風のない雪や霧の日も少なくないだろうから、風力発電や太陽光発電と同量のバイオマス発電所を準備しておかなくてはならない。それならはじめからバイオマス発電だけでいったほうが、炉や発電装置の傷みも少ないし、複雑な調整もしなくてすむはずだ。
N：そうか、目的は、風力発電と太陽光発電を増やすことじゃないんだからね。
T：この記事の最後に「地方で100％再エネを実現するためには、送配電網、熱導管、ガスパイプラインの3つのネットワークを活用することで、電気、熱、燃料の最適なスケジューリングを組み立て、地域でエネルギーを循環させる必要がある。実現すれば、3つの価格を見ながら合理的に運転を判断できるメリットもある。ドイツのローカル型スマートグリッドであるE-Energyは、日本のガス業界が提唱するスマート・エネルギー・ネットワークに近い概念である。ドイツでは、各ネットワークがある程度整備されているので、可能性がある。残念ながら、日本は熱と燃料のネットワークが脆弱で、整備はこれからである。その間は蓄電池に頼らざるを得ないと考えられるが、これが蓄電池のコスト低下を促し日本型モデルとなるかもしれない」とある。

やけに楽観的だが、ドイツでも日本でも到底無理なことを言っているように思える。「日本は熱と燃料のネットワークが脆弱」どころかほぼないんだから。蓄電池の値下げくらいでなんとかできるものなら誰も苦労しない。

N：なるほど。真に受けて投資をしたら大変なことになりそうだね。

5. 日本でも再エネコストがたいへんなことに

T：2013年11月18日、経産省は太陽光や風力発電を目標通りに増やすと、再エネ賦課金は家庭の平均で106円から276円になるとの試算を発表した。再エネ比率を2020年には現在の約10%から13・5%に引き上げるのが目標だ。大した額ではないかのようにも思えるが、企業では2倍になると結構大変だ。全体では約3100億円から8100億円、約2・6倍になる。更に、もし2020年に発送電分離や送電線の全国統一が行われていて、現在のように電力系統の誤差の範囲を越えたら解列ではなくて、バックアップ用の火力発電所を造っていたら、その費用が必要になる。すると、電気料金本体もかなり値上げになる。原発推進派は、だから原発再稼働を進めるべきだということのようだ。

T：そもそも再エネ特措法の本来の趣旨は、利益に配慮する3年間は、事業者が技術革新とコスト削減を図り、固定買取価格が下がってもやっていけるだけの競争力を付ける努力をする期間だ。しかし、業界は何もせず、建設を急いだだけだった。もっとも、太陽電池の効率もそろそろ限界だといわれているようだ。風力もこれ以上の大型化は難しく、発電の不安定性を補う効率的な方法は結局ない（石川 2010）。

近藤邦明氏は太陽光パネルの変換効率はほぼ限界であると計算している。簡単にいうと太陽光パネル自体が日中60℃以上にもなり赤外線放射が起きること、経年劣化があることなどによる。また、石油火力発電所と比べると石油消費量は2・1倍、工業生産規模は18倍になると試算している。更にまた、快晴時でも日射量自体が太陽の南中時を最大にして変化し、曇や雨の日は発電量が大きく落ちるといった天候の影響は避けられないことを、補うには蓄電池や揚水発電所など付加的な設備が膨大になりそのコストを入れると単位発電電力量当たり4倍の石油を消費することになり、発電コストも下がらないと試算している（近藤 2010）。

N：どうもそうみたいだね。

T：再エネは手段であって、目的ではない。政治家も一般市民も、再エネだからとにかく増やせばいいという考え方はそろそろやめるべきだ。

N：確かに、CO_2排出削減と脱原発につながってくれないと困るのに、もっと金を出せ、そうじゃないと再エネ増えないぞっていうのはねえ。それじゃ、原発再稼働論者の思う壺じゃないかなあ。

T：儲けることがビジネスの基本なのだろうが、再生可能エネルギー政策の問題点がとってもよくわかる話だ。原発の代償機能やCO_2削減効果があろうとなかろうと、儲かるような仕組みを作れば、企業は動くというだけのことだ。

N：でも、何年か後には自立してやっていけるようになるのかな。

T：今までダメで、数年後に確実に自立できるような技術の進歩は正直あまり聞かない。日本全国の送電網統一や発送電分離、スマートグリッドもまだ数年後には無理だろう。儲けるだけ儲けてさようならというパターンかな。

6. スマートグリッド

N：経産省のホームページのスマートグリッド・スマートコミュニティーのところでは、「電力需要は将来ますます増加するから、洋上風力、メガソーラー、小水力発電、大規模蓄電池、地域冷暖房を設置して、電気バス、電気自動車とも電気をやりとりし、中央コントロールセンターCEMSで全てコントロールして行くのだ。というバラ色の未来予測をしているね。

T：最近実証実験なども行われていて、経産省の外郭団体のNEDOもスマートコミュニティー・アライアンスへの参加企業を募集しているな。

N：何だかよさそうな話に思えるけれども、よく考えてみると、今後人口は減るのに電力需要はますます増加するというのがよくわからない。この前聞いた、三重県伊賀市は人口は減るけれども水需要は増えるという予測に似ているね。今後人口は減って、節電も進むはずだよね。どうして電力需要は増えると予測するのかな?

T：全くその通りだ。例えば電球をLEDに代えるだけで消費電力は約1／7、蛍光灯から代えるだけでも約2／3以下になる。冷蔵庫は新製品だと従来品よりマイナス15%、エアコンだと半分以下になる。パソコンも携帯電話もずいぶんと節電が進んだ。その上人口も減って公共施設の統廃合も進む、となると電力需要が将来増加するという根拠は特にない。

人口減少と省エネの進歩で特になにもしなくても、京都議定書で政府が表明したCO_2削減目標は達成されるという試算も成り立つ（川島 2011）。

N：なぜ電力需要も水需要も増えると言い続けるんだろう。

T：再エネは、本来は地球環境のためにCO_2排出を削減する手段の一つだったはずだが、その手段が目的と化してしまって、ビジネスチャンスだと煽ることが更なる目的になってしまったようだ。水需要が将来増えるというのもそうだ。確かにこれほど何にもかも電気にしてしまうと電力需要は増えるかも知れないが。

N：WWFも地球環境のためにはすべて電気にすべきだ、風力発電と太陽光発電を主力にすればすべて解決するんだと言っているね。

T：確かにこのシステムは莫大な投資を必要とするだろう。経済対策とかでビジネスチャンスだと煽るにはいいだろう。しかし、並の技術革新程度では到底実現は無理だろう。第一災害に非常に弱い。

最もよくわかるのが太陽嵐だろうな。

7. 太陽嵐

N：太陽の嵐？

T：太陽の表面で時々起こるフレアという、高さ数万kmで水爆10万から1億個に相当するとされる大爆発現象のために、大量の電磁波や放射線、高エネルギー荷電粒子などが放出される衝撃波が発生する現象のことだ。この衝撃波が地球に届くと人工衛星が故障したり、送電線に誘導電流が混入し、電子機器や電力系統の大規模な故障が起こる。1859年に起こったものは特に大規模で、熱帯地方でまでオーロラが見られ、アメリカ、ヨーロッパの送電線から火花が散り、発火し、電信線はすべて使用不能となった。1989年にカナダのケベック州で起こったものも大規模で、600万戸が12時間停電し、影響はアメリカ全土にも及び、完全復旧には数カ月かかった。NASAは同じような規模の太陽嵐が起これば、地球の磁場を混乱させ、強力な電流によって高圧変圧器が故障し、電力網が停止する可能性があり、アメリカでの被害額は最初の1年間で1兆～2兆ドルにのぼり、完全復旧には4年～10年を要する。これは、地球全体に及ぶ被害のごく一部にすぎない、と予測している（NASA 2009）。

N：電気機器がすべてダメになるの？

T：すべてではないにしても、電線でつながっているもの、電気で動くものは何らかの影響があるだろう。重要な送電線が1本切れただけで大停電が起こり、復旧に何日もかかることもあるのに、それが地球規模で起こるわけだな。

N：その場合はガソリンや軽油で動く自動車、ランプ、小型発電機なんかでしのぐことになりそうだね。

8．スマートグリッドは何のため？

T：エネルギー源をなんでもかんでも電気に変えてから使おうというのは確かに便利だが、決して資源の節約や有効利用にはならないし、大きなリスクを背負うことにもなる。

大規模な太陽嵐とまではいかなくても、重要な送電線が1本切れただけで関東一円やヨーロッパ全土が大停電してしまうのが電力系統だからね。

N：そうだよね。現在ではエネルギー資源のうち、電力で使っているものは1／3くらいだというのを、なんでもかんでも電力にするメリットはそれほどなさそうだな。

T：そもそもスマートグリッド・スマートコミュニティーは太陽光発電や風力発電のような、いつどれくらい発電するか、いつ止まるかわからない不安定な発電装置を何とか活かして、発電と消費の同時同量を維持しようと考えられたものだ。逆に言うと、太陽光や風力発電を使わなければ特に必要ないシステムなんだ。

N：そうなの？

T：それは、あればかなり便利な点もあるが、無理に構築しなくてもよいものだとも言える。地熱、水力、バイオマスなら、発電量の調整が必要に応じてできるからスマートグリッドは強いて必要なものではない。大規模蓄電池も別にいらないし、電気自動車のバッテリーを使う必要もない。送電線強化も大きな余裕を見なくても、必要な分だけでいい。だから、太陽光、風力は悪い自然エネルギー、地熱、水力、バイオマスはよい自然エネルギーだと言うんだよ。

9. 電力会社が原発を使いたがる理由

N：根本的な疑問なんだけど、それにしても、なぜ電力会社は原発を使いたがるんだろうね。
T：原発の燃料の調達も、廃棄物の処分も、最終処分も、地元対策も、警備も、全部政府がやってくれて、補助金や助成金もふんだんにくれて、電気料金には原発分ちゃんと上乗せできて、電力会社はすべてお膳立てされて発電するだけだから、楽に儲かるからだろう。
N：そうか、原発は電力会社のものでも、その他の重要なところはほとんど政府持ちなのか。
T：火力のように燃料費の大きな変動の心配はいらないし、いくら廃棄物を出しても、政府が面倒をみてくれ、地元住民や市町村との交渉も政府がしてくれ、トラブルがあっても政府が乗り出してくれるんだから、こんな楽な仕事はないということもいえる。
N：それだけ聞いていると、確かに楽な仕事だねえ……。
T：そう、これが、電力会社が原発の燃料調達から、最終処分、地元対策まで全部負担するとなると、とてもできないと思う。実際に、アメリカでも原発を持っている発電会社は、「そうなったらもちろん原発から撤退する」と言っている。

N：国策だから採算は政府が保証して、必要性がなくても進めるということなのか。

T：電力会社社員は電気の安定供給という使命がＤＮＡに刻まれ、供給本能で考えるから原発再稼働を支持するという話もあるが（竹内 2014）、それにしては、政治家に多額の献金を続けたり、やっていることが不可解だ（朝日新聞 2013）。

N：原発は安全保障のためだという人もいるね。

T：原発を進めている国の中には、アルメニア、リトアニア、チェコ、トルコ、スイスなど人口と経済規模から考えてもどうしても必要とは考えにくく、また内陸にあって冷却水の確保が簡単ではない国々がある。それでも持つ理由は、「核兵器は持っていないがいつでも持てるのだぞ」と敵対する国に脅威を見せつけ抑止力にしようという意図があるのではないかという考え方がある（川島 2011）。

N：日本でもそのように言う人が以前から結構いるね。

T：しかし現実には、原発の燃料を核兵器に転用するには相当濃縮し、慎重に取り扱わなくてはならず、実は簡単ではない。それに、もし戦争になった場合原発が攻撃を受けると大損害を被る危険がある。「原発の格納容器はテポドンの攻撃でも壊れないのです」と関西電力は言っていたが、格納容器が壊れなくても、そこに繋がる配管が壊れれば原発は壊れる。また、原発に繋がる送電線を破壊されれば、原発は電源喪失となり、メルトダウンの危険にさらされる。つまり、原発は戦争の抑止力にはなり得ず、むしろ逆に攻撃を受けやすく、「原発を破壊するぞ」という脅しが通用することになってしまう。小説『原発ホワイトアウト』ではテロリストが送電線を爆破する設定になっている（若杉2013）。

福井県の若狭湾沿岸には13基の原発があるが、いずれもリアス式海岸の先端部にあり、そこに繋がる道路は崖やトンネル、橋が多く、送電線は1本しかない。陸上からは非常に見にくい位置にあり、福島原発と違って、遠くからは見えない。しかし、時々釣りに行くのでよくわかるんだが、海上からはとても見やすいんだ。十分な誘導技術のないミサイルが撃ち込まれても当たりにくいだろうが、若狭湾沖に巡洋艦か潜水艦が1隻来れば、全てを確実に射程に入れられると思う。

若狭湾沿岸の原発に見学に行ったら、「非常用電源を高い場所にたくさん用意しているから大丈夫です」と言っていた。「ではその燃料は？」と聞くと1日分しかないとのことだった。「崖崩れや橋の崩壊があった場合は船しか脱出や対応に行く手段はなくなると思いますが？」と質問してみたら、船は1隻も所有しておらず、「非常時にはチャーターします」と言っていた。非常時に果たしてチャーターできるかどうか疑問だ。非常時にはかなり危ない場所にあると言わざるを得ない。

N：うーん、かなり怖い話だね。

10. 原発依存と巨大開発依存

T：この前NHKの「日本人は何をめざしてきたのか、第5回福島・浜通り　原発と生きた町」を見たが、福島第一原発の地元の様子がよくわかった。電源3法（電源開発促進税法、電源開発促進対策特別会計法、発電用施設周辺地域整備法）によって双葉町、大熊町は公民館やプール、体育館、ホールなどの公共施設を次々に造り、地元の土木建設業、運送業、サービス業は大きく潤った。しかし、原発が完成してしまうと、補助金がなくなり、町は建ててしまった多くの巨大公共施設の維持管理費で財政が逼迫してきた。地元業者も、土建や運送、サービスの仕事は激減し、原発のメンテナンスも、政府の電力自由化の方針で、東京電力が採算を重視するようになると地元企業への仕事が減り、地元業界の多くは経営難に陥った。それで双葉町では、かつて反原発運動の先頭に立っていた岩本氏が前職の汚職問題で町長になったが、しばらくすると一転して原発増設を陳情にいった。その最中、あの事故が起こったわけだ。原発事故がなければ半永久に原発増設を続け、増設工事に依存し続けていたかもしれない。福島県では今回の事故で一気に脱原発になったが、全国の他の原発の地元、福井県敦賀市や新潟県柏崎市、刈羽村、再処理施設のある青森県六ヶ所村などでは相変わらず完全に依存しており、早期再稼働を求め続けている。敦賀市などは国に9回も陳情に行っている。

N：いわゆる原発依存体質だね。

T：原発依存が悪いといっても、実はこうした巨大開発依存体質は原発だけではない、日本全国ほぼどこにでもある現象だ。かつて、全国総合開発、新全国総合開発、日本列島改造、リゾートブーム、と巨大開発に依存しようという計画が全国で行われた。前に紹介した三重県の伊賀市も、川上ダムで水道水を増やして巨大ベッドタウンや大テーマパーク、巨大工業団地での大発展をめざしていたが、これらの巨大開発はすべて頓挫したのに、ダム計画だけは公共事業なので続いている。将来人口は減るのに、商店は減らない、工場は１・５倍になるという荒唐無稽な将来計画の元にダム推進を続けている。間違いなく過大な投資になるのに、見果てぬ夢を追い続けている。北海道苫小牧市でも苫東総合開発が頓挫したのに、二風谷ダムと道路網は完成したのもそうだ。再生可能エネルギーでも、巨大風力発電所、巨大メガソーラーなどの巨大開発に依存した地域経済が形成されると、原発と同じく際限なく増設を求め続けることになるだろう。手段が目的と化して、破綻するまで止まらなくなる。これは自然エネルギーの罠というだけではない、巨大開発の罠といってもいいだろう。こうなると薬物依存症と同じだ。一時の快楽のために将来が見えなくなってしまう。個人だとそうではなくても、市町村や県、国単位となるとだれも依存症の重症化に気づかなくなってしまう。

N：つまり、再生エネルギーの建設現場でもそういった依存構造ができていると？

T：今のところ再エネ発電所は所得税が減免され、少し増える所得税も地方交付税交付団体では所得税が増えた分の地方交付金は減らされるから、多くの自治体でプラスマイナス0になる。そして、環境アセス逃れもあって小規模なものが多いから、今のところは依存とまではいっていないところがほとんどだ。しかし、このまま補助金や高価買い取り、低利融資が膨らんでいけば、相変わらずの依存体質が繰り返される危険性はある。

11 発電施設の発電後の後始末の問題

N：原発の最大の問題点は、使った後の核燃料の後始末と、廃炉後の後始末ということだよね。自然エネルギーの場合はどうなんだろう。

T：自然エネルギーもそこは気をつけなければいけない。太陽光発電パネルの場合、鉛などの有害物質が含まれている場合があり、リサイクルもあまり考慮に入れず強固に造られているから、処理には注意が必要だ。ダムは、貯まった膨大な土砂の捨て場所の確保、寿命が来たダム本体の撤去方法が問題だ。風力発電機も、800kw程度の中型の場合で上部構造の処理に3000万円、基礎コンクリートの撤去費用に5000万円かかる。長崎県の佐世保市宇久島では、それにクレーン船の費用と、撤去費用が余りにも高くて、2年以上放置された。京都府の太鼓山など、未だに放置されているところも結構ある。

N：火力や地熱の場合は?

T：火力の場合は、天然ガス以外は石油・石炭はもちろん、バイオマスでもどうしても残灰が出るので最終処分が必要だ。しかし、バイオマスの場合は効率よく十分な高温で燃やされていれば、ダイオキシン類などの有害物質はほとんどないようだ。地熱は、場所によっては硫黄が大量に出るかもしれないが、その利用は可能だろう。

N：なるほど、廃棄物処理の点からは、小水力、地熱、火力がよさそうだね。

12. 福島の自然エネルギーの将来展望

N：福島県では、原発は止めて自然エネルギーだと盛んに進めているね。福島県再生可能エネルギー推進ビジョン（2014年）によると、2040年頃に再生可能エネルギー100％を目標とし、2

０２０年には太陽光発電を25倍の１００万kw、風力発電を28倍の２００万kw増やし、水力、地熱、バイオマスも少しずつ増やすという目標を立てている（福島県 2012）。浮体式洋上風力発電の実験も大規模にはじめているということだけれども。

T：風力発電と太陽光発電でいっぱいにしようという計画らしいが、福島県は特に風が強いわけでも、日照がいいわけでもなく、むしろ逆だから、自然エネルギーだからと風力と太陽光をワンパターンで増やすメリットは特にないだろう。阿武隈高原の滝根小白井ウインドファームなどは、震災で特に損傷は受けなかったのに3カ月も停止していた。広野火力発電所が復旧するまで動かせなかったらしい。

N：どうして？

T：風力発電機は電源がないと発電も自動停止もできない。

N：つまり、復旧がかなり進まないと発電できないということか？

T：生活必需部門が先で、風力発電の優先順位は低くせざるを得なかったということもあるだろう。

N：震災後、風力発電所には電力会社から「めいっぱい発電して欲しい」という要請があったという報道があったけれども？

T：めいっぱいと言われても、4月、5月に特に強い風が吹くはずもない。風神に祈ってくれと言うしかないね。

N：そりゃそうだな。

T：奇跡的に汚染が少なかった川内村のある住民は「川内村は、巨大風力発電は拒否しましたが、今は休耕地や耕作放棄地にメガソーラーを建てることに熱心なようです。電気をふんだんに使った水耕栽培のハウス野菜工場も作りましたが、余計なエネルギーを投入して太陽もあびないような野菜を作る工場で村の再生というのは、本来の『自然豊かな村の魅力をアピールする』という村長の理想とはどんどんかけ離れていくようで、切ないです」と言っている。

N：太陽光発電で発電した電気でライトをつけて野菜を栽培？　太陽光を直接当てたほうが早いんじゃないの？

T：水耕栽培は化学肥料の溶液を自動循環させ、作物がよく育つ波長の光を当てて、季節に関係なく育てて出荷するものらしい。ただ、曇や雨の日はほとんど発電しないメガソーラーで水耕栽培システムを24時間動かすには大規模な蓄電池がいる。結局は、メガソーラーとハウスが近くにあるというだけのことらしいが。

N：なるほど。でも、人家が少ない農村地帯でわざわざハウス野菜工場ねえ。

T：確かに違和感はあるね。

N：福島の自然エネルギーはなにがいいんだろうね。

T：原発を止めるから、その代わりの発電所を造って、東京に送らなくてはならないということではないはずだ。福島県は、水力発電が主流の時代から猪苗代発電所や只見川流域などからたくさんの電気を送っていたが、今後も首都圏の発電所であり続ける必要があるのかということだ。どうしても県内で発電するんだったら、中小水力か地熱だろう。洋上風力やメガソーラーに莫大な税金をつぎ込むくらいなら、未だに解決していない原発事故処理の対策に回すのが本筋だ。定住できない地域の面積は東京都特別区部の面積に相当し、仮設住宅暮らしの人がまだ多く、そもそも福島第一原発の廃炉処理や汚染物質の漏れはまだ治まっていないんだからね。

13. わかりやすい例え話

N：ここまで武田さんに話を聞いてきて、自然エネルギーの実態がだいぶわかってきた。これを、誰か他の人にも説明したいんだけど、いざ自分で話すとなるとなかなか難しいんだよね。人に伝わりやすい、何か簡単な例え話はないかなあ。

T：鶴田由紀さんは著書の中で、5歳の息子のお手伝いに例えているね（鶴田 2013）。「お兄ちゃんのまねをしてお手伝いをしたがるが、ちゃんとはできないので、二度手間になる。それに天気次第で気まぐれにしかお手伝いしない。そのような子供に大人並みの給料を払っているのが、再エネ賦課金などの優遇策だ」というんだ。

N：なるほど。

T：実際のところは、大人の2倍から5・5倍の給料を払っている。

N：火力発電で10円／kw前後のところを22〜55円／kwだから確かにそういうことになるよね。

T：それほど高い給料を払ったりして優遇しているのは、成長して大きくなったら役にたってくれることを期待しているからなんだが。

N：みんなの期待通りに大きく成長して、大いに役に立ってくれればいいんだけどね。

T：ところがこの子どもが、そろそろ20代もなかばになろうというのに、自立どころか、未だに

「もっと補助金をくれ、もっと給料を上げてくれ、でないと生きていけない」と言っている。地熱君だけが、15年で自立できると言っている。
N：うーん困った子どもだな。
T：しかし、自然エネルギーの場合、イメージだけは抜群にいいし、この子がいると原発君のイメージも緩和されるから、補助金・固定買取価格という給料をあげ続けている。
N：成長して自立に向かうということはないのかな。
T：この20〜30年、例えば自動車やパソコン、火力発電の技術は大きく成長して、規模も大きくなった。新幹線の車両も騒音対策がずいぶん進んだ。先頭のやけに長い形状や、パンタグラフにフクロウの羽根の形を取り入れたのがそれだ。ジェット機でもエンジンの改良が大きく進んだ。太陽光発電パネルも効率はよくなったが、肝心の発電の不安定さはどうにもならない。風力発電は単に数倍に大きくなっただけで、肝心の発電の不安定さや騒音、低周波音対策は、特に進歩はなかった。
もうひとつ、炊飯器をイメージするとわかりやすいかもしれない。
社員1万人の会社があって、毎日昼ご飯に1万人分のご飯を炊いている。この会社は必ず昼ご飯は会社の食堂で食べなくてはならないと決めているとしよう。この炊飯器には火力炊飯器と風力太陽光炊飯器とがあって、どちらも1万人分のご飯が炊ける。火力炊飯器はいつも昼前になるとご飯を炊く。風力太陽光炊飯器は風や太陽光次第でいつ炊きはじめるか、いつ炊くのを中止するかわからない。
風力太陽光炊飯器は確かに1万人分のご飯が炊ける性能（定格出力）はあるが、それは強い風の日かカンカン照りの日だけで、風の弱い日や雨の日はご飯は炊けない。風がやや強いぐらいの日や曇の日は、10人分とか100人分しか炊けない。そこで、炊けなかった9990人分とか、9900人分のご飯を火力炊飯器で炊くバックアップをする必要がある（火力発電によるバックアップ発電）。風がいつ止むか、いつ曇りになるかわからないので、天気の変化が予測しにくい日は、火力炊飯器は念のため1万人分のご飯を炊いている。風力太陽光炊飯器は土曜日の午後や連休前に急にご飯を炊きはじめることもある。その場合はご飯を休日明けまで保存しておかないといけないので、1万人分のご飯を保存する冷蔵庫が必要になる（それが蓄電池に相当する）。また、昼前だけではなくて、午後とか夜中に突然ご飯を炊きはじめることもあるので、ご飯が冷蔵庫に入りきらない時は炊飯を止めさせる操作が必要になる（これが解列に相当する）。この風力太陽光炊飯器は火かげんの調整ができないので、時には生煮えになったり、芯があったりする（これが、電気の周波数変動や瞬停による被害に相当する）。風力太陽光炊飯器と火力炊飯器を天候予測やコンピューター管理でうまく調整して、毎日1万人分のご飯を炊こうという計画が、ベストミックスとかスマートグリッドに相当する。こういう例えでどうだろう。

N：うん、なかなかわかりやすくなったかもしれないね。つまり、風力太陽光炊飯器を毎日使うには、巨大冷蔵庫や火力炊飯器によるバックアップなどがどうしても必要になるわけだよね。なかなか大変だね。なにしろいつごはんを炊きはじめるのかどのくらい炊けるのかもわからないんじゃね。結局、最初から火力炊飯器だけにしておいた方が圧倒的に便利でお得ということになるのかな。無理して風力太陽光炊飯器なんぞ使わなくてもいいのにね。

T：無理して風力太陽光炊飯器を使う理由のひとつは、原子力炊飯器の存在が大きい。この会社では真夏にお客さんが大勢来るからピーク時は1万２０００人分を炊かなくてはならない。だからそれに合わせて年中1／３の４０００人分炊いている。原子力炊飯器は熱源がすごく熱いので、会社の行事や社員の出張などで必要なご飯の量が半分の２０００人分に減ったとしても、あるいは誰もいない休日でも、４０００人分を炊き続けないと寿命が早く尽きる。だから、余った大量のご飯を貯めておく巨大冷蔵庫が必要だ。それが揚水発電所に相当する。普通に考えたら手間暇はかかるし無駄ばかりだし、大損だ。ところが原子力炊飯器の燃料も廃棄物の後始末も、社員やお客さんへの説得や迷惑料の支払いも全部政府がやってくれ、設備費は全部社員の食費に上乗せできるから、会社として損はない、ということになる。ただ、廃棄物は永久に社内で保管することになるのかもしれない。しかし、原子力炊飯器は熱すぎる熱源を常に冷やしておかないと、会社全体が燃えてしまい、周辺の広い範囲も住めなくなる。

N：うん、少しわかってきた。

T：原子力炊飯器はイメージが悪いから、イメージのいい風力太陽光炊飯器を使うことにして、会社のイメージ戦略にした、といったところだろう。また、火力炊飯器の燃料代を節約するのに風力太陽光炊飯器を使ってみたところ、逆に高くついてしまった。ほらみろやっぱり原子力炊飯器が一番だと、原子力が好きな会社の役員は言うし、会社はその方針で進もうとしている。

N：困ったもんだねえ……。

T：現在の実情はというと、1万人分の炊飯器のうち10～20人分くらい（1～２％）が風力太陽光炊飯器で、ご飯を炊こうと炊くまいと大勢には影響ないからどうでもいい。ただしその分全員の食費は上がる（再エネ賦課金）。ただし大食らいの人は会社にとってとくに大事だから、食費の値上げはなしにして、その分は他の社員に払ってもらっておきますね（再エネ賦課金減免制度）。というところだ。

N：よくわかるけど、どう考えてもおかしな話だね。結局、みんなが安く美味しいお昼ご飯を食べるにはどうすればいちばんいいのかな。

T：小水力か地熱でちゃんと昼前に必要な量だけご飯を炊くことだと思う。それから、冷蔵庫にはできるだけ入れないことだろう。小水力と地熱がそろうまでは火力で過ごしてもいいと思う。

XI

エネルギーの未来予測

1．夢のエネルギー

T：ここで、エネルギーの未来予測をしてみよう。

原発も1960~70年代は原子力の平和利用ということで、原爆よりましだと諸手を挙げて賛成された。手塚治虫の漫画、鉄腕アトムや藤子不二雄のドラえもんも小型原子炉が動力源で、サンダーバードはじめ当時のSFものの動力源はほとんど原子力という設定だった。しかし、原発でできるプルトニウムを使う、使った燃料より、使用後は燃料が増えるという夢の核燃料リサイクルは世界的にほぼ絶望だ。プルトニウムをウランに混ぜる方法も、再処理が課題で日本ではまだできずにいる。

そして、夢のエネルギー、核融合炉は約30年前から毎年「20年後には実現する」とされていた。しかし、30年たっても、ごく短時間核融合ができただけだった。実現にはあと数十年かかると言われている。むしろ反陽子エネルギーのほうが実現の可能性がありそうだ。結局、この数十年間の原子力の有効な利用方法は、蒸気を沸かすくらいのことしかなかった。

N：蒸気を沸かすだけ？　原子力潜水艦や原子力空母も？

T：どちらも蒸気でスクリューを回すか、蒸気で発電して、その電気でスクリューを回すかだ。

N：何だかムダなことをしているような気がするなあ……。

T：利点は、ウランなどの燃料補給が年単位ですむことと、潜水艦の場合には長期間空気を取り込まなくて済むことだ。ただし原子炉の燃料棒交換の時には、船体を切断する必要があるので、2~3年かかるらしい。

N：アトムやドラえもんも蒸気発電式なのかな。

T：どうだろう？　原子力電池を想定しているのかな。プルトニウムやストロンチウムの核分裂から直接電気を得る方法で、かつては宇宙探査船や心臓のペースメーカーに使われたことがあった。

N：その原子力電池というのは今は使われていないのかな。

T：放射線を出し続けるし、壊れた場合は放射性物質をまき散らすからね。熱核ロケットという核分裂で直接水素を熱して噴射する方法や、核パルス推進という核爆発でロケットを飛ばそうという計画もあったが、当然実用化はされなかった。放射性物質を放出する装置なわけだから。今の宇宙船は太陽電池が多い。

N：反陽子エネルギーっていうのは？

T：映画スタートレックの宇宙船エンタープライズ号の動力源だよ。

N：そんなの実現する可能性はあるの？

T：まず、プラズマで反陽子を閉じ込めないといけないので、今のところ数マイクロ秒、反陽子を維持できたという程度だ。核融合炉も、プラズマかレーザー光線で高温高圧を維持しないとできないのだが。

N：なんだか難しそうだね。もうちょっと可能性の高い物はないのかな。

T：宇宙太陽光発電かな？（図47）。人工衛星に太陽光発電パネルを乗せて、マイクロ波で地上に送るというものだ。宇宙空間だと年中太陽の方向に向けておけるし、雲などの障害物もない。ただ、宇宙放射線や太陽風に晒され続けてどれくらいもつのか、また、しょっちゅう飛んでくる隕石や地球の周回軌道上を無数に回っている人工衛星の残骸が問題だ。
N：そのマイクロ波というのはどういうものなの？　人体への影響はないのかな。
T：マイクロ波も電波の一種だ。人間や生物が長く浴びるとよくないだろう。
N：ということは、その受信装置周辺は、立入禁止になってしまうわけか。

2．今後10～20年後の未来予測

N：そういう遠い未来の夢はともかく、向こう10年とか20年の予想はどうなるんだろう？
T：そうだな。10～20年後には日本の人口はかなり減少していて（図48 総務省 2014）、省エネもかなり進んでいると考えられる。「原発が再稼働し、電力は相当な供給過剰となる。原発は新たな安全基準で必ずしも安い発電をしていないかもしれない」との予測もある（井熊 2013）。いずれにしても、人口減少と電力の供給過剰は間違いなさそうだ。

図47　宇宙太陽光発電衛星（JAXA HP より）

N：人口減少と節電が進んで、電力の供給過剰？ 人口減少と節水が進んで、水道水の供給過剰が起こっているのと同じことになるのかな。でも、もっともだと思うな。水需要ももっともな予測をしているところと（植村ら 2007、大阪府 2009）、人口減少と節水の普及にも関わらず水需要は増えるというかなり無理な予測をしているところもあるわけで（国交省 2011、伊賀市 2013）。

T：実は、既に火力発電所は過剰状態で（小出 2012）（鶴田 2013）、これに新電力の参入、原油・天然ガスの価格下落があるから、既に供給過剰状態にある。更に原発再稼働までするというわけだから。

では、人口減少を前提に未来のエネルギーについて予測してみよう。

ケース１　小型で放電のない大容量の蓄電池が開発され、電気を持ち歩けるようになった

N：小型で放電のない大容量の蓄電池か。太陽光発電や風力発電を進める人たちが待望しているものだよね。

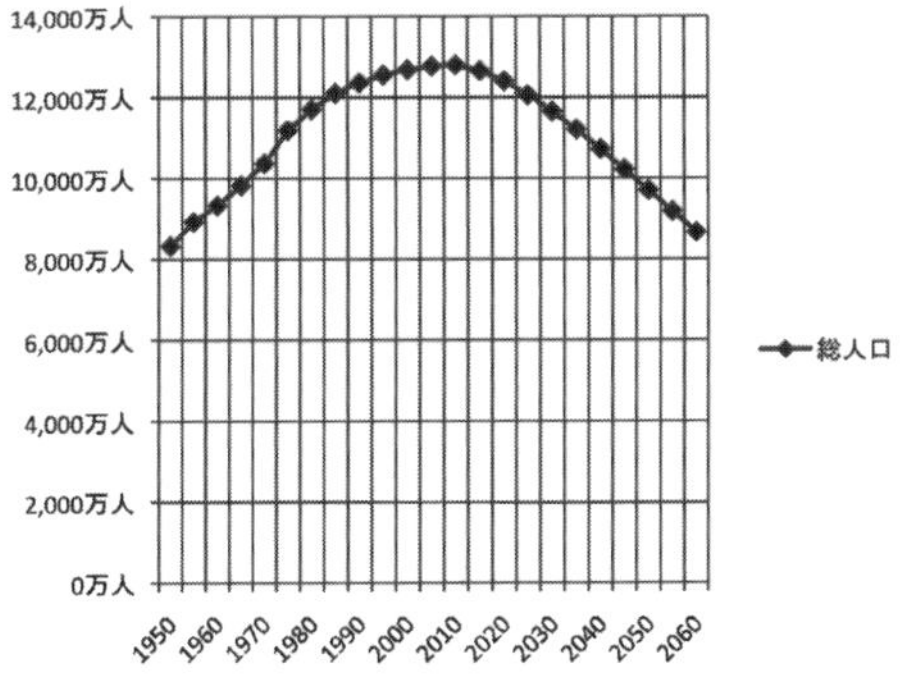

図48　日本の人口推移

T：太陽光や風力発電の発電がいかに不安定でも、蓄電池に一旦貯めてから電力系統に送電するので、確実にその分火力発電所の出力を調整できるようになる。だから、スマートグリッドや系統安定化対策は不要になる。

また、自動車は全部EVになる。電気をだれでも持ち歩けるので送電線は必要なくなる。家や工場にはその蓄電池を置いておけばいい。人々の関心事は如何に安く大量に充電するかになる。そうなると電気代が高い太陽光発電や風力発電は廃れる。安い小水力発電所がそこら中にできるようになるかもしれない。

N：太陽光発電や風力発電はいらなくなるのか。

T：例えば石油だと、どこかで安く買って高く売るのが普通の商売だ。でも、電気はそれができないので、今は安い火力発電所の電気で風力発電機を動かして高い電気を造るということをしている。蓄電池に入れた電気を石油のように売買できたらそんなムダなことはだれもしなくなるだろう。

ケース2　太陽光発電が日本中の屋根と空き地で行われ、風力発電が日本中の山と海岸に限界まで建設された

N：これは、太陽光発電や風力発電を進める人たちが熱望していることだよね。

T：再エネ賦課金がドイツ以上に値上がりし、安定した電気は少なくなり、純粋安定火力電気とかピュア安定水力電気のブランドで独自の発送電網を構築する新電力が人気を博し、企業や個人の多くがこちらと契約し、従来の電力会社の顧客は激減した。そのため、再エネへの固定買取制度を廃止せざるを得なくなった。そうなると、全国的に太陽光発電所、風力発電所、ダムの廃虚で溢れることとなった。一部では文化財として保存するべきか？　維持管理費はどうするか？　が問題となっている。

N：太陽光発電や風力発電は増えすぎたことで自滅するっていうこと？

T：現在のスペインやドイツの状態に近い。電力網が各電力会社ごとに独立していて、かなり小さいから限界がくるのも速いだろう。補助や固定買取なしで自立できるように、現在過剰ともいえる優遇政策がとられているのだが、欧米の例をみてもどうも将来的にも自立は難しいようだ。

ケース３　燃料電池の触媒が白金に代わる安価なものが開発され、水素の製造方法も大幅に安価なものが開発された

N：これも、太陽光発電や風力発電を進める人たちが待望していることだね。

T：太陽光発電、風力発電の電気は水素製造用に使われ、電力系統には入れないので、不安定な発電は問題にならなくなる。スマートグリッドや系統連携の問題もなくなる。一方、家も工場も自動車も鉄道も燃料電池で賄え、発電所や送電線は不要となる。発電所と送電線のシステムは特殊な事業だけに使われるようになる。人々はより安価な水素を求め、太陽光発電、風力発電で製造された高い水素は売れなくなり、最も安い小水力による水素製造所が人気を呼ぶ。その結果、太陽光発電、風力発電は廃れる。

N：やっぱり太陽光発電、風力発電は廃れるのか。

ケース４　発電や蓄電に大きな技術革新はなく、日本全国にスマートグリッドが普及した

N：これも、太陽光発電や風力発電を進める人たちが待望していることだね。

T：東西の周波数統一、発送電分離、電力完全自由化には紆余曲折があり、時間がかかったが、ようやく実現し、太陽光発電と風力発電も不安定な発電量を火力発電によるバックアップと消費者の電気製品のコントロール、電気自動車の蓄電池の活用などで総合的にコントロールし、活用されるようになる。

しかし、スマートメーターとその周辺機器について、電気を使っていなくてもいつも作動してるので余分に電気代がかかる上、度重なるバージョンアップやモデルチェンジによる出費の多さや、頻発する個人情報の漏洩に不満が続出、また時々予期せぬ電気製品のコントロールがあること、中央制御コンピュータに不具合が起こると広範囲に広がり、一旦停電すると復旧に時間がかかること、太陽嵐による障害で復旧に年体位の時間を要することも明らかになり、不満が高まり、脱スマートメーターの人や企業が各地で独自の発送電システムを構築する。特に精密機械工業や電気を大量に使う企業は費用の問題から独自の電力系統を構築する。

N：ありそうな話だね。

ケース５　石油と天然ガスの埋蔵が更に多く発見された

N：シュールガスやメタンハイドレートの発見ですでにこれに近い状態にあるんじゃないの？

T：石油も天然ガスも暴落し、発電は火力が主流となる。自動車も鉄道も天然ガス車となる。CO_2回収

技術に研究の主流が移る。原発も自然エネルギーも電気代が高くなるため、固定買取制度で保護される対照となる。

N：原発や自然エネルギーが保護されるというのは皮肉なことだよね。

T：イギリスでは原発は固定買取価格で保護される対象になった。まともにコストを計算すれば当然こうなるだろう（朝日新聞 2013）。

ケース6　原発再稼働が進み、メガソーラーや風力発電も急増した

N：今の体制が続くとこうなりそうだね。

T：日本にある10の電力会社の地域独占はそのままで、電力自由化も形だけのものとなり、各電力会社は原発と風力発電、メガソーラーをドンドン増やし、有り余る電力を調整するための揚水発電所用のダム建設も急増し、もはや適地がなくなるというところまでいく。電気料金は安くなるが、再エネ賦課金は高騰を続け、上限が設けられ、不足分は税金で負担することとなる。人口が減少しているので、10ある電力会社以外の新電力は経営難に陥り、発電事業から撤退し、電力自由化は実質的に崩壊する。政府は更なる消費税増税で対処し、経済対策として法人税は更に減税する。

N：それはなんというか、国中が電力会社に支配されたような感じだねえ。

T：そのとおり。原発を基本電源とし、自然エネルギーを飾りに、現在の電力会社だけが大規模な発送電事業を続けるという構図だ。

ケース7　日本国債が暴落し超円安となった

N：ありそうだが、あっては困るね。

T：石油、天然ガスとも国際価格は下落したが、超円安で日本では高くなり、火力は石炭火力に移行。日本は財政再建のため、固定買取制度は廃止、原発も電源3法による地元振興費や対策費が負担となり凍結となる。自立できない自然エネルギー産業は自滅する。

ケース8　地熱発電、小水力発電、地中熱利用が固定買取価格などの優遇措置なしでも自立して普及した

N：天然ガスや石油の価格下落が足かせになりそうだけど、このケースがいちばんいいような気がするね。

T：日本は石油、天然ガスの使用量が激減し、輸入量が激減、貿易収支は黒字となる。燃料資源の輸入が大幅に減り、安定した経済成長をする。

N：で、結論として武田さんはどれがいちばんいいと思う？

T：もちろん、ケース8だね。

N：じゃあ、どれが最もあり得ると思う？

T：今のままなら、7だろう。政府や財界が目指しているのはどうやら6のようだが。

N：どう転んでも風力発電や太陽光発電が主力電源になるということはなさそうだね。

T：宇宙船とか、離島など、本当に必要とされる範囲は限られるだろうね。

3. 脱原発への対案

N：おっと、忘れていた。進めたいのは脱原発なんだ。自然エネルギーじゃないんだよ。
T：そうだろう、なぜ脱原発の人たちは、原発の代わりは自然エネルギーだと考えるのかな？
N：原発の対局は自然だということなのかな？
T：脱原発と自然エネルギー推進は切り離して考えてもいいのでは？
N：確かに、でも、対案を出せと言われる場合があるんだよね。
T：今まで話してきたように、「自然エネルギー中心に変えよ」じゃ、対案にならず、原発推進論者に逆利用されるだけじゃないか。
N：確かにそうだねえ……。でも、対案はどうしよう？
T：とりあえずは、天然ガス主体のコンバインドサイクル発電を対案にするほうがいいだろう。高価で問題山積の自然エネルギーを対案にするよりはるかにましだと思うが。
N：そうか、でもCO_2は増やしてしまうし……。
T：今の風力発電、太陽光発電、バイオマスは関連事業が余りにも大きく多いうえ、火力発電のバックアップが必要となると、いずれもCO_2を逆に増やしてしまうだろう。これは欧米の実例でハッキリしている。当面コンバインドサイクルを増やしておいて、地熱発電と中小水力発電を進めるのがいいと思う。

N：それならいいかも？

T：脱原発はいいとして、その代わりに自然エネルギーを主体にというのは、確かにイメージはいいし、夢のある話にも聞こえる。ただ、それは罠かも知れない。今まで話してきたように、特に風力と太陽光を主にするととても電力は賄えない。辛坊治郎氏はじめ一部の評論家も、「経産省が自然エネルギーを進めるのは、原発再稼働の世論を作るためではないか？」と言っている。自然エネルギーが増えると、その電気代の高さと不安定さに国民が音を上げて、原発再稼働を求めるようになるだろうということだ。実際、ドイツやオランダ、アメリカ、スペインなど多くの国で、自然エネルギーの高い電気代に音を上げはじめている。また、十数年たっても自立できない風力発電業界への補助金はこれ以上続けるべきではない。実際に欧米ではそういう意見が増えてきた。日本では、本当に風力発電や太陽光発電が激増して、再エネ賦課金があまりに高くなり、停電が頻発するようになれば、特に企業が今より強く原発再稼働を主張するようになるかもしれない。

今の日本のように、10の電力会社に区分けされ、地域独占をしている電力供給構造では、原発の代わりにすぐに大規模に使える自然エネルギーはない。発送電分離がまず第一だ。そして、電力の完全自由化をして、電力会社の地域独占と総括原価方式をやめるべきだ。そうすると、実はコストがかかりすぎる原発に手を出す企業はいなくなるともいわれている。電力の自由化を無視して風力や太陽光発電を推進していては、電気料金の値上げを容認し、今の電力会社の体制を維持して、原発再稼働につながる理論に逆に利用されてしまう。これは、自然エネルギーという言葉を使った一種の罠だと思う。

注意すべきは、多くの人は自然エネルギーとは風力発電と太陽光発電のことだと固く信じ込んでしまっていることだ。実際、自然エネルギーのうちの、地熱と中小水力以外は現状でも、近い将来でもあまり役には立たないことが欧米の実例からも明らかになっている。自然エネルギーと言わずに、地熱と中小水力を推進しようとハッキリ言わないと誤解されてしまう。そこはほんとうに気をつけなければいけない部分だと思う。

おわりに

自然エネルギー、再生可能エネルギー、なんと魅力的な言葉でしょう。この言葉の元は英語のRenewable Energyです。このRenewableという言葉を「再生」とか「自然」と訳すからややこしいのです。「継続、持続可能な」と訳し、「持続可能エネルギー」とするべきだと思います。

自然エネルギーを使う理由はなんなのか？　それは、化石燃料の節約のためなのです。自然エネルギーは手段であって目的ではないはずです。

私が自然エネルギーを検討したポイント、

1．化石燃料の消費量を削減できるか？
2．自然環境に優しいか？
3．人間生活に悪影響はないか？
4．利益は得られるか？
5．将来性はあるか？
6．成功例はあるか？

で考えると、風力発電、太陽光発電、海洋発電はダメでした。

現状でこの条件を満たすのは結局、地熱と中小水力だけのようです。それらもまだ開発途上です。

十分に発電できるようになるまでは、幸いにも新たに豊富な埋蔵量が確認され安くなった天然ガスを使うべきだと思います。もちろんそれだけに頼るべきではありませんが、皆さんもかつての私のように、自然エネルギーならなんでもいいものだと誤解しないように、冷静に考えて頂ければと思います。

また、前作『風力発電の不都合な真実』を読んだ全国の皆さんから問い合わせがあり、北海道から九州まで全国各地に講演に行きました。そこで、知ったのは、地元住民の質問にもまともに答えず、発電実績すら公開せずに、金にあかせて強引に推し進めようとする再生可能エネルギー業者の存在でした。こうした事業者は多額の税金と優遇政策に支えられています。環境アセスメントは巨額の補助金で行われますが、事業者が自主的に行う形式的なものに過ぎず、開発行為の是非を問うものではありません。国も県も市民もいくら意見を言っても、それを反映するかどうかは事業者の自主的判断次第とされています。要綱などに定められた説明会も是非を問うものではなく、いくら異論反論が出ようと開催すればそれでいいとされている形式的なものに過ぎません。巨大開発について民主主義が機能するまともな制度は実はこの国にはないのだと言っていいと思います。これは本来戦時立法である緊急措置法、特別措置法を長年平時にあるにも関わらず続けている問題であり、特別会計というチェック制度がほぼ機能しない大規模な補助金制度の問題でもあります。今時、緊急に特別に巨額の税金を投じて進めなくてはならないものなどないと言っていいでしょう。こうした根本的な問題にもぜひ目を向けてください。自然エネルギーも色々な開発も手段であって目的ではないのです。

参考文献、引用文献

A

Amanda Harry (2007) Wind turbins, noise and health. National wind watch (http://www.wind-watch.org/)（http://www.windturbinenoisehealthhumanrights.com/）２０１４年7月10日参照.

Andrew Gilligan (2010) An ill wind blows for Denmark's green energy revolution. The Telegraph 12sep2010.

朝日新聞経済部 (2013) 電気料金はなぜ上がるのか. 岩波書店. 東京.

朝日新聞（2014）東北など5電力、再エネの契約中断、送電線の能力不足　2014/10/1.

朝日新聞 (2014) 太陽光発電夏が苦手、高温・落雷で故障　8月は5%が発電停止. 2014/11/11.

朝日新聞 (2013) 原発新設　英が「奇策」自然エネ買取制度を適用　2013/12/18夕刊.

朝日新聞 (2014) 再生エネ受け入れ、年明け再開　電力5社、条件は厳しく　2014/12/12

朝日新聞 (2013) 再エネ、EUが独を批判「賦課金違法に企業優遇」2013/12/24朝日デジタル

B

BENTEK Energy, LLC (2010) How Less Became More: Wind, Power and Unintended Consequences in the Colorado Energy Market. BENTEK Energy, LLC www.bentekenergy.com

C

Camilla Turner (2014) Living close to wind farms could cause hearing damage. The Telegraph. 7:00AM BST 01 Oct 2014

Castelo Branco NAA, Alves-Pereira M. (2004) Vibroacoustic disease. Noise & Health 2004; 6(23) : 3-20

Chantal Gueniot (2006) Le retentissement du fonctionnement des eoliennes sur la sante de l'homme. RAPPORT L· Academie, saisie dans sa seance du mardi 14 mars 2006, a adopte le texte de ce rapport a l· unanimite.

ACADEMIE NATIONALE DE MEDECINE.
Christopher Helman (2012) Why It's The End Of The Line For Wind Power. 2012 Forbes.com.

D

電気新聞 (2009) 電力会社のおしごと（社）日本電気協会新聞部．東京．
Drewitt.L.&R.H.W.Langston. (2006) Assessing the impacts of wind farms on bird. Ibis 148:29-42.

E

江原幸雄 (2012) 地熱エネルギー――地球からの贈りもの――オーム社．東京．
Erin F. Baerwald, Genevieve H. D, Amours, Brandon J. Klug and Robert M.R. Barclay（2008）Barotrauma is a signiicant cause of bat fatalities at wind turbines' Current Biology Vol.18 No16 R695-696.

F

福井エドワード (2009) スマートグリッド入門．　アスキー・メディアワークス．東京．
フランスの持続可能な環境連盟（FED）（2007）「風力発電：EUの統計から透けて見える失敗」

H

原野人 (1983) 日本型社会主義の魅力．時潮社．東京．
橋詰匠 (2002) 温泉熱を利用する自立分散型バイナリー発電．（特集バイナリー発電）地熱エネルギー 27（1）97.47-55.
廣瀬学 (2014) 波力発電の現状（財）電力中央研究所有識者会議推進室
http://www.glocom.ac.jp/eco/esena/resource/hirose/2014/7/18参照
広瀬隆 (2011) 広瀬隆講演会「リニア新幹線と原発」2011/9/20　長野県富士見町葛窪
広島県編 (1972) 広島県史・原爆資料編

I

伊賀市 (2013) 伊賀市水道事業の水の需要見直しと財政的影響について. 伊賀市: 三重県.

伊藤洋 (2014) リニア方程式　ブログ　日々是好日日記　続々々リニア方程式

http://blogs.yahoo.co.jp/kendaigakucho/MYBLOG/yblog.html?m=lc&sv=%A5%EA%A5%B9%A5%AF%CA%FD%C4%F8%BC%B0&sk=0

石川憲二 (2010) 自然エネルギーの可能性と限界――風力・太陽光発電の実力と現実解――オーム社: 東京.

泉谷渉 (2013) シェールガス革命　東洋経済新報社: 東京.

井熊均 (2013) 2020年、電力大再編――電力改革で変貌する巨大市場――

岩本晃一 (2012) 洋上風力発電 - 次世代エネルギーの切り札: 日刊工業新聞社: 東京.

岩田章裕、古川裕之　編著 (2011) 世界一の電気はこうしてつくられる!: オーム社: 東京.

J

James W. Pearce-Higgins1*, Leigh Stephen1, Rowena H. W. Langston2, IanP. Bainbridge3,4 and Rhys Bullman5 (2009) The distribution of breeding birds around upland wind farms. Journal of Applied Ecology 10.1111/j.1365-2664.2009.01715.x

John Twidell and Gaetano Gaudiosi (2009) Offshore Wind Power 邦訳　洋上風力発電　(2011) 日本風力エネルギー学会　監訳　鹿島出版社: 東京.

時事通信社 (2011) オランダの洋上風力発電、コスト高で陰り2011/11/17

K

川上博 (2006) 水の恵みを電気に!　小型水力発電実践記　パワー社: 東京.

風間健太郎 (2012) 洋上風力発電が海洋生態系におよぼす影響: 保全生態学研究 17(1), 107-122.

覚張敏子 (2008) みさき台通信 08.7　東伊豆町熱川みさき台自治会　東伊豆町

環境省(2004)低周波音問題対応の手引書．環境省環境管理局大気生活環境室．東京．

環境省(2010)平成21年度　再生可能エネルギー導入ポテンシャル調査調査報告書平成22年3月
環境省(2010)「風力発電施設に係る騒音・低周波音の実態把握調査」について（お知らせ）平成22年10月7日報道発表資料。

環境省(2011)平成22年度再生可能エネルギー導入ポテンシャル調査の結果について．２０１１年4月21日発表．

川島博之(2011)電力危機をあおってはいけない．朝日新聞出版．東京．

共同通信(2009)東北新幹線、ヘビで停電　一時運転見合わせ　2009/7/23．

共同通信(2012)愛知・一宮、ヘビ接触4万戸停電　変電設備に死骸　2010/9/28．

共同通信(2014)揚水発電利用率わずか3％　経産省「再生エネ蓄電に活用を」2014/11/1．

国土交通省黒部川河川事務所(2008)下新川海岸の概要．

国土交通省関東地方整備局東京第二営繕事務所(2007)施設整備・管理のための天然ガス対策ガイドブック．国土交通省関東地方整備局．東京．

国土交通省関東地方整備局(2011)水需給計画の確認及び水質関係　平成23年11月．国土交通省関東地方整備局．東京．

国土交通省黒部川河川事務所(2013)黒部川における連携排砂について．第34回黒部川土砂管理協議会資料．

国土交通省河川局(2006)黒部川水系河川整備基本方針．

経済産業省　温泉に関する可燃性天然ガス等安全対策検討会(2007)温泉に関する可燃性天然ガス等安全対策検討会　中間報告　平成19年9月13日
経済産業省(2009)新エネルギー導入と系統安定化に向けた取り組みに関する欧州現地調査報告．(2009.4)

経済産業省(2012)地域間連系線等の強化に関するマスタープラン　中間報告書．地域間連系線等の強化に関するマスタープラン研究会．

経済産業省（2013）水素・燃料電池戦略ロードマップ～水素社会の実現に向けた取組の加速～平成26 年６ 月23 日水素・燃料電池戦略協議会

経済産業省ＨＰ (2014) スマートグリッド・スマートコミュニティー

http://www.meti.go.jp/policy/energy_environment/smart_community/　2014/12/22参照

小出裕章 (2001) 過剰な発電と無力な原子力　原子力を巡る基礎知識――その５　京都歯科協ＴＩＭＥＳ　2001 年７月号．京都歯科保険医協会．京都．

近藤邦明 (2010) 誰も答えない！太陽光発電の大疑問　エネルギー供給技術を評価する視点　シリーズ「環境問題を考える」２．不知火書房．福岡．

近藤邦明 (2012) 電力化亡国論～核・原発事故・再生可能エネルギー買取制度　シリーズ「環境問題を考える」４．不知火書房．福岡．

Kathrin Kugler, Lutz Wiegrebe, Benedikt Grothe, Manfred Kössl, Robert Gürkov, Eike Krause, Markus Drexl (2014) Low-frequency sound affects active micromechanics in the human inner ear. Royal society Open science DOI: 10.1098/rsos.140166. Published 1 October 2014

Kerlinger P. (1998) An assessment of the impacts of Green Mountain Power Corporation・s Searsburg, Vermont, wind power facility on breeding and migrating birds. proceedings of the National Avian-Wind Power Meeting III.

Ketznberg,C.,Exo,K.-M.,Reichenbach,M.,&Castor,M. 2002. Einfluss von Windkraftanlagen auf brutende Wiesenvogel. Natur und Landschaft 77:144-153.

Kruckenberg,H.&Jaene,J. 1999. Zum Einfluss eines Windparks auf die Verteilung weidender Blasganse im Rheiderland(Landkreis Leer,Niedersachsen) Natur Landsch. 74:420-427.

L

Larsen JK and Madsen J (2000) Effects of wind turbines and other physical elements on field utilization by pink-footed geese (Anser brachyrhynchus) : a landscape perspective. Landscape Ecology 15: 755-764.

Larsen,J.K.& Clausen, P. 1998. Effekten paa sangsvane ved etablering af en vindmoellepark ved Overgaard gods.[Effect of wind turbine array establishment at the Overgaard manor on whooper swan.] DMU report nr.235. www.dmu.dk

Leddy LK, Higgins KF, and Naugle DE (1999) Effects of wind turbines on upland nesting birds in conservation reserve program grasslands. Wilson Bulletin 111(1) : 100-104.

Lucas DL, Janss GFE, and Ferrer M. (2005) A bird and small mammal BACI and IG design studies in a wind farm in Malpica (Spain) . Biodiversity and Conservation 14: 3289-3303.

M

増実健一（2002）太陽光発電の問題点徹底研究　http://ecoliving-problem.net/

Mariana Alves-Pereira, Nuno A.A.Castelo Branco (2007)　In-Home Wind turbin Noise Is Conducive to Vibroacoustic Disease. Second International Meeting on Wind turbine Noise Lyon France September 20-21 2007.

毎日新聞愛媛版 (2006) 風力発電機騒音問題で住民説明会　撤去の声相次ぐ　6月15日

毎日新聞 (2013) リニア中央新幹線：ルートや駅は着々……残された疑問　ＪＲ東海社長「絶対ペイしない」と仰天発言　2013/10/30

松阪市 (2009) 風力発電についての意見聴取会　2009/9/5ˊ 2009/9/6

松阪市環境保全審議会議事録（平成20、21、22年）

Meek ER, Ribbands JB, Christer WG, Davy PR, and Higginson I. (1993) The effects of aero-generators on moorland bird populations in the Orkney Islands, Scotland. Bird Study 40: 140-143.

N

NASA (2009) The Day the Sun Brought Darkness March 13, 2009

http://www.nasa.gov/topics/earth/features/sun_darkness.html

内藤春雄 (2012) 地中熱利用ヒートポンプの基本がわかる本 特定非営利活動法人 地中熱利用促進協会（監修）．オーム社．東京．

ナショナルジオグラフィック (2012) 2006年ヨーロッパ、世界の大停電 National geographic News.September 6, 2012

http://www.nationalgeographic.co.jp/news/news_article.php?file_id=2012090602

ナショナルジオグラフィック (2012) 2003年北アメリカ、世界の大停電 National geographic News.September 6, 2012

http://www.nationalgeographic.co.jp/news/news_article.php?file_id=2012090603

NEDO（2010）日本における風力発電の設備・導入実績 http://www.nedo.go.jp/library/fuuryoku/reference.html　２０１０年７月29日更新

NEDO (2010) NEDO二次電池技術開発ロードマップ (Battery RM2010) 平成22年５月ＮＥＤＯ燃料電池・水素技術開発部蓄電技術開発室

NEDO (2008) NEDO海外レポートNo.1020.2008.4.23　「再生可能エネルギー特集」風力発電　風当たりの強まる風力発電「奇蹟かペテンか」(EU)．

Nina Pierpont. 2009. Wind Turbine Syndrome. Santa Fe NM:K-selected Books. Santa Fe.

日本原子力発電株式会社　平成25年12月19日　東海発電所　廃止措置計画の工程変更に伴う変更届の提出について

西方正司、甲斐孝章（2014） わかりやすい風力発電．オーム社．東京．

日経エコロジー (2013) 再エネビッグビジネス洋上風力発電、産業化への道のりと事業参入の要件、 2013/11/26

http://business.nikkeibp.co.jp/nbs/eco/seminar/131126/

日経ビジネス（2013） 世界初の浮かぶ風車が回りだす 日本の眠れる資源がエネルギーを変える．山根小雪 2013/11/11．

日経産業新聞 (2013) 浮体式「日の丸」風力、荒波越え稼働 難所で生きる技術．菊池貴之 2013/11/12．

日経ビジネス (2013) 太陽光発電２０１５年危機は本当か?、２つの優遇制度同時廃止は痛手大きい．２０１３年11月11日付け、日経オンラインビジネス．

日経ビジネス (2013) 太陽光発電の「2015年危機」は本当か ２つの優遇制度、同時廃止は痛手大きい．村上義久 日経ビジネスオンライン．村上義久 ２０１３年11月11日付け．

日経ビジネス (2014) 静かに終わる太陽電池バブル 幕を降ろしたメガソーラー投資．山根小雪．2014/6/13．

日経ビジネス (2014) OPEC 崩壊、原油価格はまだ下がる サウジアラビアが調整役放棄、秩序回復には1年を要する 小笠原啓 2014/12/17．

O

大阪交通労働組合 (1998) 大阪大空襲の証言と資料が語る埋もれた史実．大交 1998/3/25

大阪府水道部 (2009) 大阪府水道用水供給事業の水需要予測結果 平成21年11月．大阪府水道部．大阪．

大河剛，川澄透，大岩康久，後藤美智子，今大地はるみ，武田恵世，有吉靖 (2010) エコって本当?-見つめ直そう命と自然 クリーンエネルギーの実態を全国から報告 月刊むすぶ 472. 10-80.

大屋裕二、烏谷隆、桜井晃 (2002)「つば付きディフューザー風車による風力発電の高出力化」、『日本航空宇宙学会論文集』第50巻第587号、2002年12月5日、477-482頁大里和己(2011) バイナリー発電（温泉発電システム）. 地熱発電の潮流と開発技術. 第5章4節328-339.S &T出版. 東京.
岡田剛、本藤賢造(1984) ダム堆砂の処理と佐久間ダムにおける砂スラリー輸送実証試験計画. 建設の機械化. 410. 29-33.

R

ロジャーハワード(2014) 世界最大の産油国　米シェール革命はバブル Newsweek july.29.2014
ロジャーハワード(2014) 環境大国で花開く究極のエコカー（ドイツ）Newsweek july.29.2014
R.H.W. Langston&J.D.Pullan (2003) Windfarm and Birds:An analysis of the effects of windfarms on birds, and guidance on environmental assessment criteria and site selection. T-PVS/Inf (2003) 12.

S

斉藤純夫 (2013) こうすればできる！ 地域型風力発電――地元に利益を生み、愛される風車の実現――日刊工業新聞社. 東京.
産経新聞 (2011)「JR東海会長・葛西敬之　原発継続しか活路はない」5.24
産経新聞 (2013)　電力9社、東西の連携強化　周波数変換設備を増強へ 1.24
産業総合研究所、太陽光発電工学研究センター (2008) 出力変動と緩和策
2008/12/24更新 https://unit.aist.go.jp/rcpvt/ci/about_pv/output/fluctuation.html
Salt, A. N.; and Hullar, T. E (2010) Responses of the ear to low frequency sounds, infrasound and wind turbines. Hearing Research, June 16, 2010
薩摩川内市 (2013) 薩摩川内市次世代エネルギービジョン. 薩摩川内市. 鹿児島県.
関和市、池田誠 (2002) 風力発電Q&A. 学献社. 東京。
砂押博雄、板橋洋佳、市田隆 (2014) 中部電、政界へ裏金2.5億円. 朝日新聞. 2014/7/20付け.

汐見文隆 (2010) 風力発電公害追及　紀州総合印刷．和歌山市．
汐見文隆 (1999) 隠された健康障害　低周波音公害の真実．かもがわ出版．
辛坊治郎 (2012) 週刊朝日2012年6月8日号　甘辛ジャーナル
千矢博通 (2004) 身近な水を活かす小型水力発電実例集　パワー社．東京．
総務省 (2014) 人口推計（平成25年10月1日現在）．平成26年4月15日発表．総務省．東京．

【T】

橘川武郎 (2012) なぜ日本の天然ガスの価格は、アメリカの9倍も高いのか．PRESIDENT ２０１２年7月16日号 (http://president.jp/articles/-/6730)
竹内靖雄 (1998)「日本」の終わり－「日本型社会主義」との決別．日本経済新聞社．東京．
武田恵世 (2011) 風力発電の不都合な真実．アットワークス．大阪．
武田恵世 (2013) 風力発電機の鳥類の繁殖期の生息密度への影響．日本鳥学会誌62(2) 135-142．
武田恵世 (2007) 風力発電機の野鳥の繁殖に対する影響．日本鳥学会2007年度大会講演要旨集．日本鳥学会．熊本．
武田恵世 (2008) 風力発電機の野鳥の越冬に対する影響と風力発電機からの距離による野鳥の繁殖への影響．日本鳥学会2008年度大会講演要旨集．日本鳥学会．東京．
武田恵世 (2009) 風力発電機の稼働時と停止時で鳥類の生息状況は違うか?．日本鳥学会2009年度大会講演要旨集．日本鳥学会．函館．
武田恵世 (2010) 風力発電機に鳥類は順応していない．日本鳥学会２０１０年度大会講演要旨集．日本鳥学会．船橋．
武田恵世 (2013) 風力発電所建設による鳥類の繁殖への影響について（環境影響評価制度の問題点）．日本鳥学会2013年度大会講演要旨集．日本鳥学会．名古屋．
武田恵世 (2014) 風力発電機の夜行性鳥類への影響．日本鳥学会２０１４年度大会講演要旨集．日本鳥学会．東京．
竹内純子 (2014) 誤解だらけの電力問題 ウェッジ．東京．

鶴田由起 (2008) 半島全域で上がる建設反対の声　美しい伊豆に風車はいらない．週間金曜日 16（44）48．
鶴田由起 (2009) ストップ！風力発電　巨大風車が環境を破壊する　アットワークス．大阪．
鶴田由紀 (2010) 風車を拒否した島、風車に翻弄される島．自然と人間．11-13.2010.2．
鶴田由紀 (2010) 巨大風車と地域住民．自然と人間．11-13.2010.10．
鶴田由紀 (2013) 巨大風車はいらない　原発もいらない　もうエネルギー政策にダマされないで！　アットワークス．大阪．
鶴田由紀 (2013) 風力発電による大気汚染物質の増加について　――アメリカ・コロラド州の事例――　北海道の自然　11-18.2013.51

U

植村哲士、宇都正哲、福地学、中川宏之、神尾文彦 (2007) ２０４０年の日本の水問題　人口減少下における水道事業存立基盤確保の必要性．知的資産創造．２００７年10月号．野村総合研究所．東京．
牛山泉 (2002) 風車工学入門．森北出版．東京．
牛山泉 (2005) 風力エネルギー読本　オーム社．東京．
牛山泉 (2010) 風力発電の本．日刊工業新聞社．東京．
Usgaard R, Naugle D, Osborn R, and Higgins KF (1997) Effects of wind turbines on nesting raptors at Buffalo Ridge in Southwestern Minnesota. Proceedings of the South Dakota Academy of Science, vol. 76, 113-117.

Y

山田伸志他 (1990) 超低周波音と低周波音．環境技術研究協会．東京．
山田紳志 (2007) トコトンやさしい　振動・騒音の本　日刊工業新聞社．東京．
安田陽 (2013) 日本の知らない風力発電の実力 オーム社．東京．
山家公雄 (2012) 今こそ風力　（株）エネルギーフォーラム．東京．

山家公雄 (2013) 再生可能エネルギーの真実（株）エネルギーフォーラム．東京．

山家公雄 (2013)「風力発電の騒音問題を世界はどう捉えているか？」日本経済新聞（2013/7/22）

山本良一　監修 (2005)「クリーン発電」がよくわかる本．東京書籍．東京。

山藤泰 (2010) よくわかる最新スマートグリッドの基本と仕組み．秀和システム．東京．

山口敦、石原　孟 (2007) メソスケールモデルと地理情報システムを利用した関東地方沿岸域における洋上風力エネルギー賦存量の評価　日本風工学会論文集第32巻第2号（通号第111号）平成19年4月　2014年6月13日付け

W

若杉冽 (2013) 原発ホワイトアウト　講談社．東京．

Winkelmann (1989) Bird and wind park near urk:bird collision victims and disturbance of wintering ducks ,geese and swans. RIN rapport 89/15 Arnhem:Rijksintituut voor Natuurbeheer.

Winkelmann（1992a）The impast of the Sep wind park near Oosterbierum, the Netherlands on birds 1:Collision Victims. RIN rapport 92/2 Arnhem:Rijksintituut voor Natuurbeheer.

Winkelmann（1992b）The impast of the Sep wind park near Oosterbierum, the Netherlands on birds 2:nocturnal collision risks. RIN rapport 92/3 Arnhem:Rijksintituut voor Natuurbeheer.

Winkelmann（1992c）The impast of the Sep wind park near Oosterbierum, the Netherlands on birds 3:flight behaviour during baylight. RIN rapport 92/4 Arnhem:Rijksintituut voor Natuurbeheer.

Winkelmann（1992d）The impast of the Sep wind park near Oosterbierum, the Netherlands on birds 3:fDisturbance. RIN rapport 92/5 Arnhem:Rijksintituut voor Natuurbeheer.

謝辞

この本は四方哲さんが主催しておられるロシナンテ社の月刊誌「むすぶ」に２０１３年８月から２０１４年1月まで連載したものをまとめ、加筆したものです。この本を書くことを薦めて下さった四方哲さんに感謝申し上げます。また、豊富な情報をご提供いただいた鶴田由紀さん、久保哲夫さん、覚張敏子さんはじめ、風力発電全国情報ネットワークの皆さん、愛知県足助病院脳神経外科部長柏野進先生に感謝申し上げます。

【プロフィール】
武田恵世（たけだ けいせ）
1957年　三重県伊賀市生まれ
大阪歯科大学卒業、歯学博士
大阪大学附属病院、天理病院をへて、三重県伊賀市上野桑町で歯科医院を開業
日本生態学会、日本鳥学会会員
伊賀市環境保全市民会議レッドデータブック作成委員会委員長
環境省希少動植物種保存推進員
三重県公共事業環境検討協議会委員
介護認定審査会委員
三重県レッドデータブック作成委員会委員など
著書：『風力発電の不都合な真実』（アットワークス）、『伊賀のレッドデータブック』『三重県レッドデータブック』（いずれも共著）など
自然環境関係の論文：『風力発電機による鳥類の繁殖への影響』、『日本列島におけるタカの渡り、カモ科鳥類が越冬する池の環境条件』など

カバー写真／浦達也
カバーデザイン／犬塚勝一

自然エネルギーの罠

2015年3月1日　初版第1刷発行

著　者　武田恵世
発行者　渡辺弘一郎
発行所　株式会社あっぷる出版社
〒101－0064 東京都千代田区猿楽町2－5－2
TEL 03－3294－3780　FAX 03－3294－3784
http://applepublishing.co.jp/
組　版　西田久美（Katzen House）
印　刷　モリモト印刷